建筑工程施工专业实训教材

架子工实训教程

JIAZIGONG SHIXUN JIAOCHENG

主　编／祝　明　刘广远　易前才　陈　耕

副主编／谭世保　刘忠友　朱德秋

参　编／林梦圆　吴　斌　谭张清　代云南

U0190610

重庆大学出版社

内容提要

本书是根据中华人民共和国住房和城乡建设部《建筑架子工培训计划与培训大纲》架子工专业培训要求进行编写的,按照建筑工程脚手架搭设人员的工作特点,对其上岗操作技能和专业技术知识进行了重点阐述。全书内容主要包括架子工基本知识、落地式钢管脚手架、落地碗扣式钢管外脚手架、落地门式钢管外脚手架、悬挑式外脚手架、吊篮式脚手架,以及附着式升降脚手架等。

本书可作为中等职业学校工程造价、建筑工程技术等相关专业的教学用书,也可供工程技术人员参考使用。

图书在版编目(CIP)数据

架子工实训教程/祝明,刘广远,易前才,陈耕主编.—重庆:重庆大学出版社,2018.3

建筑工程施工专业实训教材

ISBN 978-7-5689-0799-6

Ⅰ.①架… Ⅱ.①祝…②刘…③易…④陈… Ⅲ.①建筑工程—计量—中等职业教育—教材②建筑造价—中等职业教育—教材 Ⅳ.①TU723.3

中国版本图书馆 CIP 数据核字(2017)第 092068 号

建筑工程施工专业实训教材

架子工实训教程

主　编　祝　明　刘广远　易前才　陈　耕
副主编　谭世保　刘忠友　朱德秋
策划编辑:章　可

责任编辑:姜　凤　　版式设计:章　可
责任校对:贾　梅　　责任印制:赵　晟

*

重庆大学出版社出版发行
出版人:易树平
社址:重庆市沙坪坝区大学城西路21号
邮编:401331
电话:(023)88617190　88617185(中小学)
传真:(023)88617186　88617166
网址:http://www.cqup.com.cn
邮箱:fxk@cqup.com.cn(营销中心)
全国新华书店经销
POD:重庆新生代彩印技术有限公司

*

开本:787mm×1092mm　1/16　印张:11　字数:247千
2018 年 3 月第 1 版　　2018 年 3 月第 1 次印刷
ISBN 978-7-5689-0799-6　定价:28.00 元

前　言

　　本书是根据中华人民共和国住房和城乡建设部《土木建筑职业技能岗位培训计划大纲》架子工专业培训要求进行编写的,主要是为了适应建设职业技能岗位培训与鉴定的需要。

　　为适应建筑行业特点,以及中等职业教育培养高素质技能型人才的需求,即加强学生技能训练,提高学生实操能力水平。本书尊重学习的客观规律,循序渐进地从材料和工器具准备到工艺讲解,再到现场(实训场地)实操进行编写。编写时采用大量的图像和图表,尽量避免大篇幅的文字,从而做到图文并茂、简单易懂。

　　本书在编写中较全面地介绍了现行的安全技术规范和标准,在工作中可将本书作为操作手册使用。

　　本书在编写过程中,参考了大量的教材开发成果,集各家之所长。在此基础上,基于任务式职业教育实训教材编写理念所构建的实操逻辑体系进行编排。书中所列任务应根据要求在实训课时内完成,也可能需要课外活动时间配合。

　　本书包括 9 个实训任务。建议课时为 36 课时。

　　本书由重庆市巫山县职业教育中心祝明、刘广远、易前才、陈耕担任主编,谭世保、刘忠友、朱德秋担任副主编,林梦圆、吴斌、谭张清、代云南也做了大量工作。第 1 章由祝明、谭世保编写;第 2 章由刘广远、刘忠友编写;第 3 章由易前才、朱德秋编写;第 4 章及附录由陈耕、林梦圆、吴斌、谭张清、代云南编写。

　　本书在编写过程中参考了已出版的多种相关培训教材和著作,同时也得到了上级主管部门领导的大力支持,在此一并表示感谢。

　　限于编者专业水平和实践经验,本书难免有疏漏和不当之处,恳请广大师生批评指正,以便在后续版本中修订、改正,使本书日臻完善。

编　者

2017 年 8 月

目　录

第 1 章
架子工基本知识

　　我国幅员辽阔,各地建筑业的发展存在差异,脚手架的发展也不平衡。目前,脚手架工程的现状如下:

　　①落地式扣件钢管脚手架,自 20 世纪 60 年代在我国推广使用以来普及迅速,是目前大、中城市中使用的主要品种。

　　②传统的竹、木脚手架随着钢脚手架的推广和应用,在一些大、中城市已较少使用,但在一些建筑发展较缓慢的中、小城市和村镇仍在继续大量使用。

　　③自 20 世纪 80 年代以来,高层建筑和超高层建筑有了较大发展,为了满足这类施工的需要,多功能脚手架,如门式钢管脚手架、碗扣式钢管脚手架、悬挑式脚手架、导轨式爬架等相继在工程中应用,深受施工企业的欢迎。此外,为适应通用施工的需要,一些建筑施工企业也从国外引进或自行研制了一些通用定型的脚手架,如吊篮、挂脚手架、桥式脚手架、挑架等。

　　随着国民经济的迅速发展,建筑业被列为国家的支柱产业之一。建筑业的兴旺发达,使建筑脚手架行业的发展迅速,其发展趋势将体现在以下方面:

　　①金属脚手架必将取代竹、木脚手架。传统的竹、木脚手架因其材料质量不易控制,搭设构造要求难以严格掌握,技术落后,材料损耗量大,拆卸和管理上不方便,最终将被金属脚手架所取代。

　　②为适应现代建筑施工,减轻劳动强度,节约材料,提高经济效益,适用性强的多功能脚手架将取代传统脚手架,并且会定型系列化生产。

　　③高层和超高层施工中脚手架的用量大,技术复杂,要求脚手架的设计、搭设、安装都需规范化,而脚手架的杆(构)配件应由专业工厂生产提供。

1.1　脚手架的作用与分类

【学习目标】

知识目标
- 掌握脚手架的作用与分类。

技能目标
- 认识各种类型的脚手架。

职业素养目标
- 养成科学的工作模式；
- 培养认真负责和科学严谨的工作态度。

1.1.1　脚手架的作用

脚手架是建筑工程中堆放材料和工人进行操作的临时设施。它是建筑施工中不可缺少的空中作业工具,无论结构施工还是室外装修施工,以及设备安装都需要根据操作要求搭设脚手架。

脚手架的作用如下:

①可以使施工作业人员在不同部位进行操作。

②能堆放及运输一定数量的建筑材料。

③保证施工作业人员在高空操作时的安全。

1.1.2　脚手架的分类

1)按用途划分

①操作用脚手架:为施工操作提供作业条件的脚手架,包括结构脚手架和装修脚手架。

②防护用脚手架:只用作安全防护的脚手架,包括各种护栏架和棚架。

③承重、支撑用脚手架:用于材料的运转、存放、支撑以及其他承载用途的脚手架,如承料平台、模板支撑架和安装支撑架等。

2)按构架方式划分

①杆件组合式脚手架:俗称多立杆式脚手架,简称杆组式脚手架。

②框架组合式脚手架:简称框组式脚手架,即由简单的平面框架(如门架)与连接、撑拉杆件组合而成的脚手架,如门式钢管脚手架和梯式钢管脚手架等。

③结构件组合式脚手架:由框架梁和结构件组合而成的脚手架,如桥式脚手架,可分提升(下降)式和沿齿条爬升(下降)式两种。

④台架:具有一定高度和操作平面的平台架,多为定型产品,其本身具有稳定的空间结构,可单独使用或立拼增高及水平连接扩大,并常带有移动装置。

3）按设置形式划分

①单排脚手架：只有一排立杆的脚手架，其横向水平杆的另一端搁置在墙体结构上。

②双排脚手架：具有两排立杆的脚手架。

③多排脚手架：具有 3 排及 3 排以上立杆的脚手架。

④满堂脚手架：按施工作业范围满设的、两个方向各有 3 排以上立杆的脚手架。

⑤满高脚手架：按墙体或施工作业最大高度，由地面起满高度设置的脚手架。

⑥交圈（周边）脚手架：沿建筑物或作业范围周边设置并相互交圈连接的脚手架。

⑦特形脚手架：具有特殊平面和空间造型的脚手架，用于如烟囱、水塔等地方以合理的设计减少材料和人工耗用，节省脚手架费用。

4）按设置方式划分

①落地式脚手架：搭设（支座）在地面、楼面、屋面或者其他平台结构之上的脚手架。

②悬挑脚手架（挑脚手架）：采用悬挑方式设置的脚手架。

③附墙悬挂脚手架（挂脚手架）：在上部或（和）中部挂设于墙体挑挂件上的定型脚手架。

④悬吊脚手架（吊脚手架）：悬吊于悬挑梁或者工程结构之下的脚手架。当采用篮式作业架时，称为"吊篮"。

⑤附着升降脚手架（爬架）：附着于工程结构、依靠自身提升设备实现升降的悬空脚手架。

⑥水平移动脚手架：带行走装置的脚手架（段）或操作平台架。

5）按平杆、立杆的连接方式划分

①承插式脚手架：在平杆与立杆之间采用承插连接的脚手架。常见的承插连接方式有插片和楔槽、插片和碗扣、套管和插头及 U 形托挂等。

②扣件式脚手架：使用扣件箍紧连接的脚手架，即靠拧紧扣件螺栓所产生的摩擦力承担连接作用的脚手架。

除上述分类外，还可按脚手架的材料划分为竹脚手架、木脚手架、钢管或金属脚手架；按搭设位置划分为外脚手架和里脚手架；按使用对象或场合划分为高层建筑脚手架、烟囱脚手架、水塔脚手架。脚手架还有定型脚手架与非定型脚手架、多功能脚手架与单功能脚手架等。

1.2　脚手架搭设要求及质量控制

【学习目标】

知识目标

- 掌握脚手架搭设要求及质量控制。

技能目标

● 完成脚手架搭设质量控制要求的编写。

职业素养目标

● 养成科学的工作模式；

● 培养认真负责和科学严谨的工作态度。

1.2.1 脚手架搭设的要求

不管搭设哪种类型的脚手架,都必须符合以下基本要求:

①稳固、安全。脚手架必须有足够的强度、刚度和稳定性,确保施工期间在规定的天气条件和允许荷载的作用下,脚手架稳定不倾斜、不摇晃、不倒塌。

②满足施工使用需要。脚手架应有足够的工作面,如适当的宽度、步架高度、离墙距离等,以确保施工人员操作、材料堆放和运输的需要。

③设计合理,易搭设。以合理的设计减少材料和人工耗用,节省脚手架费用。脚手架的构造要简单,便于搭设和拆除,脚手架材料要能多次周转使用。

1.2.2 脚手架搭设的安全技术要求

脚手架搭设必须按照有关的安全技术规范进行,具体要求如下:

①一般脚手架必须按脚手架安全技术操作规程搭设,对于高度超过 15 m 的高层脚手架,必须有设计、计算、详图、搭设方案,有上一级技术负责人审批,有书面安全技术交底,然后才能搭设。

②对于安全危险性大且特殊的吊、挑、挂、插口、堆料等架子,必须经过设计和审批,有编制的安全技术措施,才能搭设。

③施工队接受任务后,必须组织全体人员,认真领会脚手架专项安全施工组织设计和安全技术措施交底,研讨搭设方法,并派技术好、有经验的技术人员负责搭设技术指导和监护。

④搭设时认真处理好地基,确保地基具有足够的承载力。垫木应铺设平稳,不能有悬空,避免脚手架发生整体或局部沉降。

⑤确保脚手架整体平稳、牢固,并具有足够的承载力,作业人员搭设时必须按要求与结构拉接牢固。

⑥搭设时,必须按规定的间距搭设立杆、横杆、剪刀撑、栏杆等,必须按规定设连墙杆、剪刀撑和支撑。脚手架与建筑物间的连接应牢固,脚手架的整体应稳定,脚手架必须有供操作人员上下的阶梯、斜道。严禁施工人员攀爬脚手架。

⑦脚手架的操作面必须满铺脚手板,不得有空隙和探头板。木脚手板有腐朽、劈裂、大横透节、有活动节子的均不能使用。使用过程中严格控制荷载,确保有较大的安全储备,避免因荷载起重造成脚手架倒塌。

⑧金属脚手架应设避雷装置。遇有高压线时必须保持大于 5 m 或相应的水平距离,搭设隔离防护架。

⑨搭拆脚手架必须由专业架子工担任,并应按现行国家标准考核合格,持证上岗。上岗人员应定期进行体检,凡不适合高处作业者不得上脚手架操作。

⑩搭拆脚手架时操作人员必须戴安全帽、系安全带、穿防滑鞋。

⑪作业层上的施工荷载应符合设计要求,不得超载。不得在脚手架上集中堆放模板、钢筋等物体,严禁在脚手架上拉缆风绳和固定、架设模板支架及混凝土泵、输送管等,严禁悬挂起重设备。

⑫不得在脚手架基础及邻近处进行挖掘作业。

⑬遇六级以上大风及大雪、大雾天气下应暂停脚手架的搭设及在脚手架上作业。斜边板要钉防滑条,如有雨水、冰雪,要采取防滑措施。

⑭脚手架搭好后必须进行验收,合格后方可使用。使用中,遇台风、暴雨以及使用期较长时,应定期检查,及时整改出现的安全隐患。

⑮因故闲置一段时间或发生大风、大雨等灾害性天气后,重新使用脚手架时必须认真检查,加固后方可使用。

1.2.3　脚手架的质量控制

建筑工程施工中,脚手架的搭设质量与施工人员的人身安全、工程进度、工程质量有直接关系。如果脚手架搭设不好,不仅架子工本身不安全,对其他施工人员也极易造成伤害。如果脚手架搭设不及时,就会耽误工期。脚手架搭得不恰当会使施工操作不便,影响工期和质量。因此,必须重视脚手架的搭设质量。

进行脚手架搭设时,控制其质量的主要环节有以下几个方面:

①搭设脚手架所用材料的规格和质量必须符合设计要求和安全规范要求。

②搭设脚手架的构造必须符合规范要求,同时注意绑扎扣和扣件螺栓的拧紧程度,挑梁、挑架、吊架、挂钩和吊索的质量等。

③搭设脚手架要求有牢固的、足够的连墙点,以确保整个脚手架的稳定。

④脚手板要铺满、铺稳,不能有空头板。

⑤缆风绳应按规定拉好、锚固牢靠。

1.3　脚手架搭设的材料和施工常用工具

【学习目标】

知识目标

- 掌握脚手架搭设的材料和施工常用工具。

技能目标

- 认识脚手架搭设的材料;
- 学会脚手架常用工具的正确使用方法。

职业素养目标

● 养成科学的工作模式；

● 培养认真负责和科学严谨的工作态度。

1.3.1 脚手架搭设的材料

1) 钢管架料

（1）钢管

钢管采用直缝电焊钢管或低压流体输送用焊接钢管，有外径 48 mm、壁厚 3.5 mm 和外径 51 mm、壁厚 3.0 mm 两种规格混合使用。

钢管脚手架的各种杆件应优先采用外径 48 mm、壁厚 3.5 mm 的电焊钢管。用于立柱、大横杆和各支撑杆（斜撑、剪刀撑、抛撑等）的钢管最大长度不得超过 6.5 m，一般为 4~6.5 m；小横杆所用钢管的最大长度不得超过 2.2 m，一般为 1.8~2.2 m。每根钢管的质量应控制在 25 kg 内。钢管两端面应平整，严禁打孔、开口。

通常对新购进的钢管先进行除锈，钢管内壁刷涂两道防锈漆，外壁刷涂一道防锈漆、两道面漆。对旧钢管的锈蚀检查应每年一次。检查时，在锈蚀严重的钢管中抽取 3 根，在每根钢管的锈蚀严重部位横向截断取样检查。经检验符合要求的钢管应进行除锈，并刷涂防锈漆和面漆。

（2）扣件

目前，我国钢管脚手架中的扣件有可锻铸铁扣件与钢板压制扣件两种。可锻铸铁扣件质量可靠，应优先采用。采用其他材料制作的扣件，应经试验证明其质量符合该标准的规定后方可使用。扣件螺栓采用 Q235A 级钢制作。

扣件有旋转扣件、直角扣件和对接扣件 3 种形式，如图 1.1 所示。

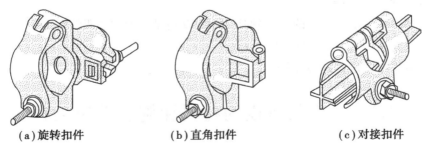

(a) 旋转扣件　　　　　(b) 直角扣件　　　　　(c) 对接扣件

图 1.1　扣件

①直角扣件（十字扣件）：用于连接两根垂直相交的杆件，如立杆与大横杆、大横杆与小横杆的连接。直角扣件靠扣件和钢管之间的摩擦力传递施工荷载。

②旋转扣件（回传扣件）：用于有连接两根平行或任意角度的扣件，如斜撑和剪刀撑与立柱、大横杆和小横杆的连接。

③对接扣件（一字扣件）：钢管对接接长用的扣件，如立杆、大横杆的接长。

脚手架采用的扣件，在螺栓拧紧扭力矩达 65 N·m 时，不得发生破坏。

对新采购的扣件应进行检验,若不符合要求,应抽样送专业单位进行鉴定。

旧扣件在使用前应进行质量检查,有裂缝、变形的严禁使用,出现滑丝的螺栓必须更换。新旧扣件均应进行防锈处理。

（3）底座

底座是用于立杆底部的垫座。扣件式钢管脚手架的底座有可锻铸铁制成的定型底座和套管、钢板焊接底座两种,可根据具体情况选用。几何尺寸如图 1.2 所示。

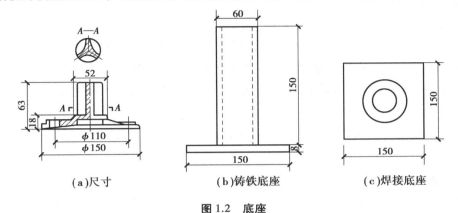

（a）尺寸　　　　　　　（b）铸铁底座　　　　　　　（c）焊接底座

图 1.2　底座

可锻铸铁制造的标准底座,其材质和加工质量要求与可锻铸铁扣件相同。

焊接底座采用 Q235A 钢,焊条应采用 E43 型。

2）竹木架料

（1）竹材

竹竿应选用生长期在 3 年以上的毛竹或楠竹,要求竹竿挺直,质地坚韧。不得使用弯曲不直、青嫩、枯脆、腐朽、虫蛀以及裂缝连通两节以上的竹竿。有裂缝的竹材,在下列情况下可用钢丝绑扎加固使用:作立杆时,裂缝不得超过 3 节;作大横杆时,裂缝不得超过 2 节;作小横杆时,裂缝不得超过 1 节。

竹竿有效部分小头直径,用作立杆、大横杆、顶撑、斜撑、剪刀撑、抛撑等不得小于 75 mm,用作横杆不得小于 90 mm,用作搁栅、栏杆不得小于 60 mm。

承载杆件应选用生长期在 3 年以上的冬竹（农历白露以后至翌年谷雨前采伐的竹材）,这种竹材质地坚硬,不易虫蛀、腐朽。

（2）木材

木材可用作脚手架的立杆、大小横杆、剪刀撑和脚手板。

常用木材为剥皮杉或其他坚韧、质轻的圆木,不得使用柳木、杨木、桦木、椴木、油松等木材,也不得使用易腐朽、易折裂的其他木材。

用作立杆时,木料小头有效直径不小于 70 mm,大头直径不大于 180 mm,长度不小于 6 m;作用于大横杆时,小头有效直径不小于 80 mm,长度不小于 6 m;作用小横杆时,杉杆小头直径不小于 90 mm,硬木（柞木、水曲柳等）小头直径不小于 70 mm,长度为 2.1~2.2 m;用作斜撑、剪刀撑和抛撑时,小头直径不小于 70 mm,长度不小于 6 m;用作脚手板时,厚度不小于 50 mm,搭设脚手架的木材材质应为二等或二等以上。

3)绑扎材料

竹木脚手架的各种杆件一般使用绑扎材料加以连接,木脚手架常用的绑扎材料有镀锌钢丝和钢丝两种。竹脚手架可以采用竹篾、镀锌钢丝、塑料篾等。竹脚手架中所有的绑扎材料均不得重复使用。

(1)镀锌钢丝

镀锌钢丝抗拉强度高、不易锈蚀,是最常用的绑扎材料,常用 8 号和 10 号镀锌钢丝。8 号镀锌钢丝直径为 4 mm,抗拉强度为 900 MPa;10 号镀锌钢丝直径为 3.5 mm,抗拉强度为 1 000 MPa。镀锌钢丝使用时不准用火烧,次品和腐蚀严重的钢丝不得使用。

(2)钢丝

钢丝常采用 8 号回火冷拔钢丝,使用前要经过退火处理(又称火烧丝)。腐蚀严重、表面有裂纹的钢丝不得使用。

(3)竹篾

竹篾由毛竹、水竹或慈竹破成,要求篾料质地新鲜、韧性强、抗拉强度高。不得使用发霉、虫蛀、断腰、大节疤等竹篾。竹篾使用前应置于清水中浸泡 12 h 以上,使其柔软、不易折断。竹篾的规格见表 1.1。

表 1.1 竹篾规格

名 称	长度/m	宽度/mm	厚度/mm
毛竹、水竹、慈竹	3.5~40	20	0.8~1.0
	>2.5	5~45	0.6~0.8

(4)塑料篾

塑料篾又称纤维编织带。必须采用有生产厂家合格证书和力学性能试验合格数据的产品。

4)脚手板

脚手板铺设在小横杆上,形成工作平台,以便施工人员工作和临时堆放零星施工材料。它必须满足强度和刚度的要求,保护施工人员的安全,并将施工荷载传递给纵、横水平杆。

常用的脚手板有冲压钢板脚手板、木脚手板、钢木混合脚手板和竹串片、竹笆板等,施工时可根据各地区的材源就地取材选用。每块脚手板的质量不宜大于 30 kg。

(1)冲压钢板脚手板

冲压钢板脚手板用厚 1.5~2.0 mm 的钢板冷加工而成,其形式、构造和外形尺寸如图 1.3 所示,板面上冲有梅花形翻边防滑圆孔。钢材应符合国家现行标准《碳素结构钢》(GB/T 700—2006)中 Q235A 级钢的规定。

冲压钢板脚手板的连接方式有挂钩、插孔式和 U 形卡式,如图 1.4 所示。

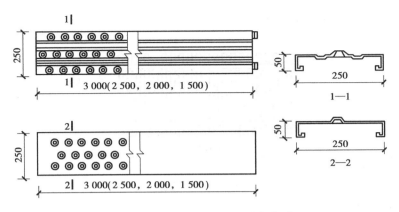

图 1.3　冲压钢板脚手板形式与构造

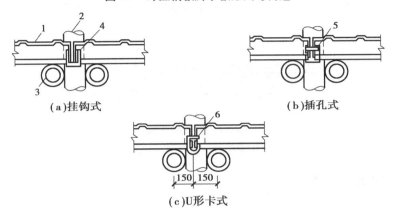

（a）挂钩式　　　　　　　　　　　（b）插孔式

（c）U 形卡式

图 1.4　冲压钢板脚手板的连接方式

1—钢脚手板；2—立杆；3—小横杆；4—挂钩；5—插销；6—U 形卡

（2）木脚手板

木脚手板应采用杉木或松木制作,其材质应符合现行国家标准的规定。脚手板厚度不应小于 50 mm,板宽 200~250 mm,板长 3~6 m。在板两端往内 80 mm 处,用 10 号镀锌钢丝加两道紧箍,防止板端劈裂。

（3）竹串片脚手板

竹串片脚手板常采用螺栓穿过并列的竹片拧紧而成。螺栓直径 8~10 mm,间距 500~600 mm,竹片宽 50 mm;竹串片脚手板长 2~3 m,宽 0.25~0.3 m,如图 1.5 所示。

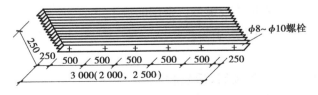

图 1.5　竹串片脚手板

（4）竹笆板

竹笆板脚手架用竹筋作横挡,穿编竹片,竹片与竹筋相交处用钢丝扎牢。竹笆板长1.5~

9

2.5 m,宽 0.8~1.2 m,如图 1.6 所示。

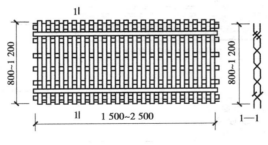

图 1.6　竹笆板

（5）钢竹脚手板

钢竹脚手板用钢管作直挡,钢筋作横挡,焊成趴爬梯式,在横挡间穿编竹片,如图 1.7 所示。

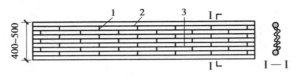

图 1.7　钢竹脚手板
1—钢筋;2—钢管;3—竹片

1.3.2　脚手架常用工具

1)钎子

钎子用于搭拆脚手架时拧紧铁丝。手柄上带槽孔和栓孔的钎子一般长 30 cm,可以附带槽孔用来拔钉子或紧螺栓,如图 1.8 所示。

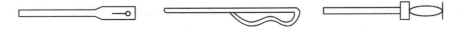

图 1.8　手柄上带有槽孔和栓孔的钎子

2)扳手

扳手是一种旋紧或拧松有角螺栓、螺钉、螺母的开口或套孔固件的手工工具,主要用于搭设扣件式钢管脚手架时旋紧螺栓。使用时沿螺栓旋转方向在柄部施加外力,就能拧转螺栓或螺母。常用的扳手类型主要有活络扳手、开口扳手、扭力扳手等。

（1）活络扳手

活络扳手也称活扳手,由呆板唇、活板唇、蜗轮、轴销和手柄组成,如图 1.9 所示。常用的活络扳手主要有 250 mm 和 300 mm 两种规格。

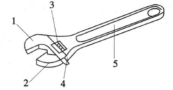

图 1.9　活络扳手
1—呆板唇;2—活板唇;3—蜗轮;
4—轴销;5—手柄

活络扳手使用时的注意事项如下:

①扳动小螺母时,因需要不断地转动蜗轮来调节扳口的大小,所以手应靠近呆板唇,并用大拇指调制蜗轮,以适应螺母的大小。

②活络扳手的扳口夹持螺母时,呆板唇在上,活板唇在下,切不可反过来使用。

③在扳动生锈的螺母时,可在螺母上滴几滴煤油或机油。

④在拧不动时,切不可采用钢管套在活络扳手的手柄上来增加扭力,因为这样极易损伤活板唇。

⑤不得把活络扳手当锤子使用。

（2）开口扳手

开口扳手也称呆扳手,有单头和双头两种,其开口和螺钉头、螺母尺寸相适应,并根据标准尺寸做成一套,如图 1.10 所示。

（3）扭力扳手

扭力扳手又称力矩扳手、扭矩扳手、扭矩可调扳手等,如图 1.11 所示。扭力扳手分为定值式、预置式两种。定值式扭力扳手,在拧转螺栓或螺母时,能显示所施加的扭矩;预置式扭力扳手,当施加的扭矩达到规定值后,会发出信号。

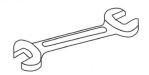

图 1.10　开口扳手

图 1.11　扭力扳手

①定值式扭力扳手使用方法:定值式扭力扳手的手柄上有窗口,窗口内有标尺,标尺显示扭矩值的大小,窗口边上有标准线。当标尺上的线与标准线对齐时,该点的扭矩值代表当前的扭矩预紧值。

设定预紧扭矩值的方法:先松开扳手尾部的尾盖,然后旋转扳手尾部手轮,管内标尺随之移动,将标尺的刻线与管壳窗口上的标准线对齐。

②预置式扭力扳手使用方法:预置式扭力扳手是指扭矩的预紧值是可调的,使用时根据需要进行调整。使用扳手前,先将需要的实际拧紧扭矩值预置到扳手上,当拧紧螺纹紧固件时,若实际扭矩与预紧扭矩值相等,扳手会发出"咔嗒"报警声,此时应立即停止扳动,释放后扳手自动为下一次自动设定预警扭矩值。

3）吊具

吊具是放吊装脚手架材料时使用的重要工具,主要包括吊钩、套环、卡环(卸甲)、钢丝绳卡、横吊梁、花篮螺杆等。

（1）吊钩

吊钩是起重装置钩挂重物的吊具,有单钩、双钩两种形式。常用的单钩形式有直柄单钩和吊环圈单钩两种,如图 1.12 所示。

（2）套环

套环装置在钢丝绳的端头,使钢丝绳在弯曲处呈弧形,不易折断,其装置如图 1.13 所示。

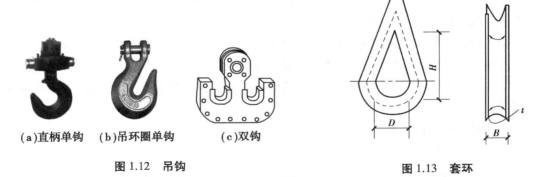

(a)直柄单钩　(b)吊环圈单钩　　(c)双钩

图 1.12　吊钩

图 1.13　套环

（3）卡环

卡环又称卸甲，用于吊索与吊索或吊索同构件吊环之间的连接。卡环由一个止动锁和一个 U 形环组成，如图 1.14 所示。

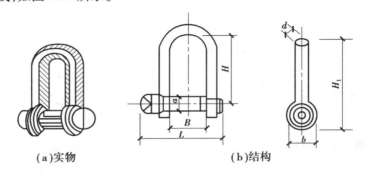

(a)实物　　　　　　(b)结构

图 1.14　卡环

（4）钢丝绳卡

钢丝绳卡用于钢丝绳的连接、接头等，是脚手架和起重吊装作业中应用较广的钢丝绳夹具，主要有骑马式、压板式和拳握式 3 种形式，如图 1.15 所示。其中骑马式连接力最强，应用最广。

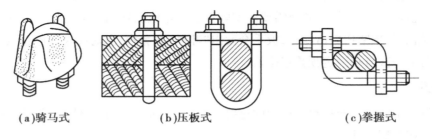

(a)骑马式　　　　(b)压板式　　　　(c)拳握式

图 1.15　钢丝绳卡

（5）横吊梁

横吊梁又称铁扁担，用于承担吊索对构件的轴向压力和减少起吊高度，其装置如图1.16所示。

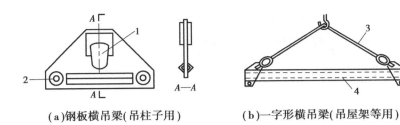

图 1.16　横吊梁

1—挂起重机吊钩的孔;2—挂吊索的孔;3—吊索;4—金属支杆

(6)花篮螺杆

花篮螺杆又称松紧螺栓或拉紧器,能拉紧和调节钢丝绳的松紧程度,用于捆绑运输中的构件,如图 1.17 所示。在安装构件中,可利用花篮螺杆调整缆风绳的松紧。

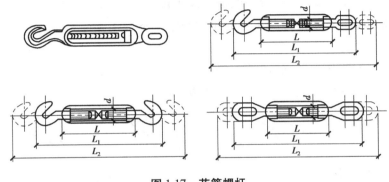

图 1.17　花篮螺杆

1.4　脚手架的安全设施和管理

【学习目标】

知识目标

● 掌握脚手架的安全设施和管理。

技能目标

● 认识脚手架的各项安全设施;

● 完成脚手架安全管理要求的编写。

职业素养目标

● 养成科学的工作模式;

● 培养认真负责和科学严谨的工作态度。

脚手架既是施工设施也是安全设施,工程量大,投资也较大。进入建筑工地第一眼看到的往往是脚手架,所以脚手架还代表工地的形象。脚手架是一项关键设施,不容小视,必须保证安全、质量和美观。在脚手架的准备、搭设、使用、拆除、运输以及保管的全过程中,必须贯彻"安全第一,预防为主,综合治理"的方针,采取切实有效的安全措施。

1.4.1 脚手架安全设施

1)脚手板

脚手板是脚手架搭设中的基本辅件,因为脚手架本身是杆件结构,不能构成操作台,一般是依靠脚手板的搭设而形成操作台。脚手板是用作操作台时承受施工荷载的受弯构件,因而最重要的是满足承载能力的要求。

应用最广泛的脚手板是木脚手板,一般为松木板,厚度为 50 mm,根据北京建工集团的规定,宽度应为 230~250 mm。这是由于脚手板除能承受 3 kN/m² 的均布荷载外,还能承受双轮车的集中荷载 100 kg。脚手板一般是搭设于排木之上,主要承受弯曲应力。其承载能力除荷载外,即是其跨度。支撑脚手板的排木间距以不大于 2 m 为宜。脚手板的过大挠度不利于安全使用。

除了木脚手板外,还有薄钢板制作的多孔型脚手板、竹片编制的竹拍子以及其他专用的脚手板,如图 1.18 所示,根据施工具体情况予以选用。

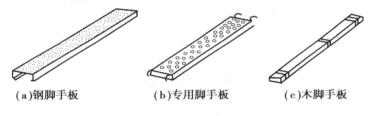

(a)钢脚手板   (b)专用脚手板   (c)木脚手板

图 1.18 脚手板

2)安全网

作为安全"三宝"之一的安全网时常作为保证脚手架安全的主要设施。安全网的主要功能是高空作业人员坠落时的承接与保护物,因而要有足够的强度,并应柔软且有一定弹性,以确保坠落人员不受伤害。最早的安全网是由麻绳制作,四周为主绳,中间为网绳,网眼的孔径稍大。为了能使安全网处于展开状况,一般需用杉篙或钢管作为支撑杆,形成防护网。

现以普通建筑物周围的防护网为例,其搭设和应用方法如图 1.19 所示。

防护网由支杆与安全网构成,支杆下端在建筑物上可以旋转,支杆上端扣结安全网一端,安全网的另一端固定在建筑物上。操作时将立杆立在建筑物旁,安全网固定好之后用支杆自重放下成倾斜状态并将安全网展开。为了保证支杆端中间的距离,支杆两端都可采用钢管固定。当作为整体建安全网时,此端部纵向连杆可采用钢丝绳,但为了使钢丝绳持紧绷状态,在建筑物四角要设抱角架。抱角架的结构除了要与建筑物连接外,还要使架子工能够操作。

为了提高安全网的耐久性,现在安全网已多用尼龙绳制作。国家标准《安全网》(GB 5725—2009)对安全网的各项技术要求及试验检测方法作出了具体规定。

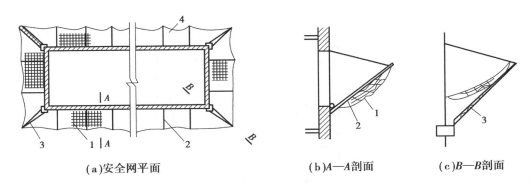

(a)安全网平面　　　　　　　(b)A—A剖面　　　　(c)B—B剖面

图 1.19　防护网整体构造
1—安全网;2—支杆;3—抱角架;4—钢丝绳

关于安全网设置的要求,可按照各地区脚手架的操作规程予以确定。

随着建筑高度的不断增加,挂设安全网的难度也越来越大。这是由于安全网采用自底往上多层(每层相距 10 m)悬挂式。为了减少挂安全网的工作,增加操作安全,最近多采用全封闭的密目安全网。此种安全网采用尼龙丝编制,孔径很小,不仅可以防止人员坠落,而且可以防止物体坠落。这种安全网一般是附着于脚手架的外面,因而不需要承受很大冲击力。

3)马道和爬梯

为了满足人员上下以及搬运建材及工具的需要,搭脚手架时常要附带搭设马道或爬梯。在木脚手架中时常采用斜脚手板上钉防滑条的方式形成爬梯,但在钢管脚手架中使用定型的爬梯件(图 1.20)更为合理。

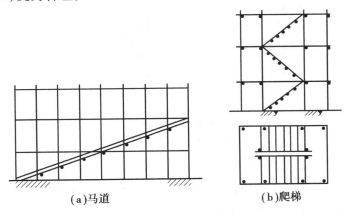

(a)马道　　　　　　　　　　(b)爬梯

图 1.20　马道和爬梯

4)承料平台

配合高层现浇结构的施工,一般要装设承料平台,用于堆放钢模和支撑杆等。承料平台一般采用钢制,采用钢丝绳斜拉,支撑于楼板或立柱上,如图 1.21 所示。

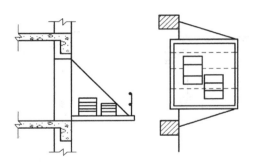

图 1.21　承料平台

5）连墙杆

脚手架与建筑物相连接的连墙杆是极为重要的安全保证构件，它是保证单排及双排脚手架侧向稳定和确定立杆计算长度的构件。连墙杆与建筑物连接的好坏直接影响脚手架的承载力，因为脚手架主要受力杆件的立杆作为细长受压构件，其承载能力决定于其细长比，也就是连墙杆之间的距离。如果连墙杆不够牢固，则其细长比会加大，从而降低承载力。

连墙杆在建筑物上有预留口（砌体结构）或预留孔处，可采用 ϕ48 mm 钢管与扣件扣接而成。当建筑物为钢筋混凝土结构无预留口时，可在混凝土中放置预埋件，形成连墙杆，如图 1.22 所示。

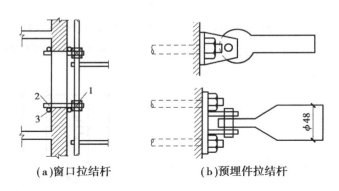

（a）窗口拉结杆　　　　　　（b）预埋件拉结杆

图 1.22　连墙杆

1—扣件；2—小横杆；3—横杆

连墙杆的埋件应便于固定在模板上，并与结构可靠的连接；连墙杆与埋件的连接既要足够牢固又应有一定的活动余量，以满足与脚手架杆件的连接。根据这种要求，对于专门的脚手架体系（如碗扣架、门形架）设计有专用的连墙杆和埋件。

连墙杆的埋件应按照脚手架搭设方案预埋，其位置应与脚手架的结构相协调；否则可能造成埋件无法使用。

1.4.2　脚手架安全管理

1）安全技术管理要求

①脚手架和支撑架要严格履行编制、审核和批准的程序，参加上述三大步骤的人员必须

是能掌握脚手架结构设计技术的人员,以保证施工的安全。

②脚手架和支撑架的施工设计,应对架体结构提出相应的结构平面图、立面图、剖面图,并根据使用情况进行相应的结构计算,计算书应明确无误,并提出施工的重点措施和要求。

③在施工前应由"施工设计"的设计者对现场施工人员进行技术交底,并应达到使操作者掌握的目的。

④架体在搭设完(支撑架)或在使用前(脚手架)进行检查验收,达到设计要求方可投入使用。

2)操作人员要求

①对从事高空作业的人员要定期进行体检,凡患有高血压、心脏病、贫血、癫痫病以及不适合高空作业的人员不得从事高空作业。饮酒后禁止高空作业。

②高空作业人员衣着要便利,禁止赤脚、赤膊及穿硬底、高跟、带钉、易滑的鞋或拖鞋从事高空作业。

③进入施工区域的所有工作人员、施工人员必须按要求佩戴安全帽。

④从事无可靠防护作业的高空作业人员必须系安全带,安全带要挂在牢固的地方。

3)架体结构检查

①首先检查架体结构是否符合施工设计的要求,未经设计及审批人员批准不得随意改变架体整体结构。

②重点检查节点的扣件是否扣牢,尤其是扣件式脚手架不得有"空扣"和"假扣"现象。

③对斜杆的设置应重点检查。

4)脚手架防护

①双排脚手架操作台的脚手板要铺平、铺严;两侧要有挡脚板和两道牢固的护身栏或立挂安全网,与建筑物的间隙不得大于 15 cm。

②满堂脚手架高度在 6 m 以下时,可铺花板,但间隙不得大于 20 cm,板头要绑牢,高度在 6 m 以上时必须铺严。

③建筑物顶部施工的防护架子高度要超出坡屋面挑檐栖板 1.5 m 或高于平屋面女儿墙顶 1.0 m,高出部分要绑两道护身栏和立挂安全网。

5)安全网设置

①凡 4 m 以上的施工层必须随施工层支 3 m 宽的安全网,首层必须固定一道 3~6 m 宽的底网。高层建筑施工时,除首层网外,每隔 10 m 还要固定一道安全网。施工中要保证安全网完全完整有效,受力均匀,网内不得有堆积物。网间搭挂要严密,不得有缝隙。

②在施工层的电梯井、采光井、螺旋式楼梯口,除必须设有防护栏杆外,还应在井口内固定安全网。除首层一道外,每隔 3 层另设安全网。

③在安装阳台和走廊底板时,应尽可能把栏板同时装好。如不能及时安装,要将阳台上面严密防护,其高度要超出底板 10 m 以上。

6)施工现场安全措施

施工现场内的一切孔洞,如电梯井口、楼梯口、施工洞出入口、设备口和井、沟槽、池塘以及随墙洞口、阳台门口等,必须加门、加盖,设围栏并加警告标志。

①层高 3.6 m 以下的室内作业所用的铁凳、木凳、人字梯要拴牢固,设防滑装置,两支点间跨度不得大于 3.0 m,只允许一人在上面操作;脚手板宽度不得小于 25 cm;双层凳和人字梯要互相拉牢,单梯坡度不得小于 60°和大于 70°;底部要有防滑措施。

②作业中禁止投掷物料。清理楼内物料时,应设溜槽或使用垃圾桶,手持工具和零星物料应随时放在工具袋内。安装玻璃要防止坠落,严禁抛撒碎玻璃。

③施工现场操作人员要严格做到活完脚下清。斜道、过桥、跳板要有人负责维修和清理,不得存放杂物。冬季和雨季要采取防滑措施,禁止使用飞跳板。

第 2 章
落地扣件式钢管脚手架实训项目

落地式外脚手架是指从地面搭设的脚手架,随建筑结构的施工进度而逐层增高。落地钢管脚手架是应用较广泛的脚手架之一。

2.1 落地扣件式钢管脚手架

【学习目标】

知识目标
- 掌握落地扣件式钢管脚手架的分类和构造。

技能目标
- 熟悉落地扣件式钢管脚手架的主要尺寸。

职业素养目标
- 养成科学的工作模式;
- 培养认真负责和科学严谨的工作态度。

2.1.1 落地扣件式钢管脚手架的分类

落地扣件式钢管外脚手架分普通脚手架和高层建筑脚手架。普通脚手架是指10层以下、高度在30 m以内建筑物施工搭设的脚手架。高层建筑脚手架是指10层及10层以上、高度超过23 m但在100 m以内的建筑物施工搭设的脚手架。

落地式钢管外脚手架搭设分封圈形和开口形两种。封圈形脚手架是指沿建筑物周边交圈搭设的脚手架[图2.1(a)];开口形脚手架是指沿建筑物周边没有交圈搭设的脚手架[图2.1(b)]。

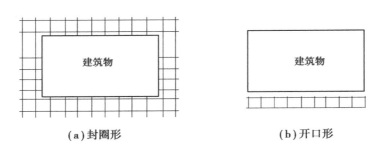

(a)封圈形　　　　　　　　　　**(b)开口形**

图 2.1　落地扣件式钢管外脚手架搭设分类

2.1.2　落地扣件式钢管脚手架的构造

落地扣件式钢管脚手架由立杆、纵向水平杆(大横杆)、横向水平杆(小横杆)、纵向支撑(剪刀撑)、横向支撑(横斜杆)、连墙件等组成(图 2.2)。

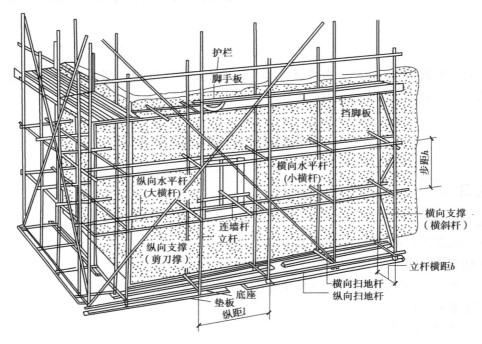

图 2.2　落地扣件式钢管脚手架的构造图

①立杆:垂直于地面的竖向杆件,是承受自重和施工荷载的主要杆件。

②纵向水平杆(又称大横杆):沿脚手架纵向(顺着墙面方向)连接各立杆的水平杆件,其作用是承受并传递施工荷载给立杆。

③横向水平杆(又称小横杆):沿脚手架横向(垂直墙面方向)连接内、外排立杆的水平杆件,其作用是承受并传递施工荷载给立杆。

④扫地杆:连接立杆下端、贴近地面的水平杆,其作用是约束立杆下端的移动。

⑤剪刀撑:在脚手架外侧面设置的呈十字交叉的斜杆,可增强脚手架的稳定性和整体刚度。

⑥横向斜撑:在脚手架的内、外立杆之间设置并与横向水平杆相交呈之字形的斜杆,可增强脚手架的稳定性和刚度。

⑦连墙件:连接脚手架与建筑物的杆件。

⑧主节点:立杆、纵向水平杆和横向水平杆 3 杆紧靠的扣接点。

⑨底座:立杆底部的垫座。

⑩垫板:底座下的支承板。

2.1.3　落地扣件式钢管脚手架的主要尺寸

落地扣件式钢管脚手架搭设有双排和单排两种形式,如图 2.3 所示。双排脚手架有内、外两排立杆;单排脚手架只有一排立杆,横向水平杆有一端插置在墙体上。

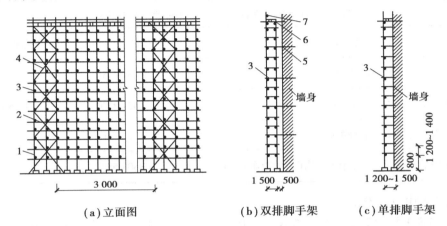

(a)立面图　　(b)双排脚手架　　(c)单排脚手架

图 2.3　落地扣件式钢管脚手架
1—立杆;2—纵向水平杆;3—横向水平杆;
4—剪刀撑;5—连墙件;6—脚手板;7—护栏

落地扣件式钢管脚手架中的主要尺寸如下:

①脚手架的搭设高度 H:立杆底座下皮至架顶栏杆上皮之间的垂直距离。

②脚手架的搭设长度 L:脚手架纵向两端立杆外皮之间的水平距离。

③脚手架的搭设宽度 B:双排脚手架是指横向内、外两立杆外皮之间的水平距离;单排脚手架是指立杆外皮至墙面的距离。

④立杆步距 h:上、下两相邻水平杆轴线间的距离。

⑤立杆纵距(跨距) l:脚手架中两纵向相邻立杆轴线间的距离。

⑥立杆横距 L_0:双排脚手架是指横向内、外两立杆的轴线距离;单排脚手架是指立杆轴线至墙面的距离。

⑦连墙件间距:脚手架中相邻连墙件之间的距离。

⑧连墙件竖距:上、下相邻连墙件之间的距离。

⑨连墙件横距:左、右相邻连墙件之间的水平距离。

(1)立杆横距 L_0

在选定脚手架的立杆横距时,应考虑脚手架作业面的横向尺寸要满足施工作业人员的操作、施工材料的临时堆放及运输等,图 2.4 给出了必要的横向参考尺寸。

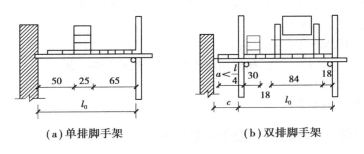

（a）单排脚手架　　　　　　　（b）双排脚手架

图2.4　脚手架立杆横距

表2.1列出了脚手架在不考虑行走小车情况下的立杆横距 L_0 及其他横向参考尺寸。

表2.1　脚手架的立杆横距 L_0 及其他横向参考尺寸

尺寸类型	结构施工脚手架	装修施工脚手架
双排脚手架立杆横距 L_0/m	1.05～1.55	0.8～1.55
单排脚手架立杆横距 L_0/m	1.45～1.80	1.15～1.40
横向水平杆里端距墙面的距离 a/mm	100～150	150～200
双排脚手架里立杆距墙体（结构面）的距离 c/mm	350～500	350～500

从表2.1中可以看出：

①结构施工脚手架因材料堆放及运输量大，其立杆横距应比装修脚手架的立杆横距大。

②装修施工（如墙面装饰施工）比结构施工需要有更宽的操作空间，因此装修施工脚手架的横向水平杆里端距墙面的距离 a 比结构施工脚手架的要大。

③为了保证施工作业人员有足够的活动空间，双排脚手架［图2.4（b）］里立杆距墙体（结构面）的距离宜为350～500 mm。

（2）脚手架立杆横跨距 l

不论是单排脚手架、双排脚手架、结构脚手架还是装修脚手架，立杆跨距一般取1.0～2.0 m，最大不超过2.0 m。

常用脚手架的立杆跨距参考值见表2.2，具体数值需进行计算选定。

表2.2　脚手架的立杆跨距参考值

脚手架高度 H/m	脚手架立杆的纵向间距 l_a/m
<30	1.8～2.0
30～40	1.4～1.8
40～50	1.2～1.6

（3）脚手架立杆步距 h

考虑地面施工人员在穿越脚手架时能安全顺利通过，脚手架底层步距应大些，一般为离地面 1.6~1.8 m,最大不超过 2.0 m。

不同的施工操作内容(如砌筑、粉刷、贴面砖等)其操作需要的空间高度也不同。为了便于施工操作,对脚手架的步距会有限制;否则,步距超过一定高度时,作业人员将会无法操作。除底层外,脚手架其他层的步距一般为 1.2~1.6 m,结构施工脚手架的最大步距不超过 1.6 m,装修施工脚手架的最大步距不超过 1.8 m。

(4)脚手架的搭设高度 H

脚手架的搭设高度因脚手架的类型、形式及搭设方式的不同而不同。落地扣件式钢管单排脚手架的搭设高度一般不超过 24 m,双排脚手架的搭设高度一般不超过 50 m。

当脚手架高度超过 50 m 时,钢管脚手架则采取以下加强措施:

①脚手架下部采用双立杆(高度不得低于 5~6 m),上部采用单立杆(高度应小于 35 m),如图 2.5 所示。

②分段组架布置,将脚手架下段立杆的跨距减小 1/2(图 2.6),上段立杆的跨距较大部分的高度应小于 35 m。

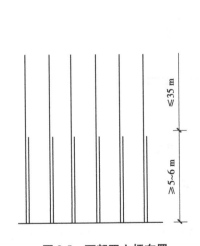

图 2.5　下部双立杆布置

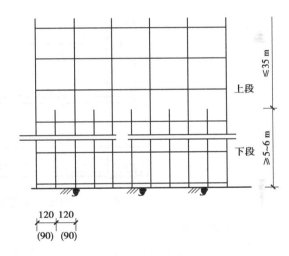

图 2.6　分段组架布置

2.2　落地扣件式钢管脚手架——铺设扫地杆、竖立杆

【学习目标】

知识目标
- 掌握扫地杆、立杆的铺设方式。

技能目标
- 学会常用脚手架工具、辅助工具的使用方法;
- 学会钢管脚手架扫地杆、立杆的搭设;
- 掌握在作业实施中的安全操作要领。

职业素养目标

• 养成科学的工作模式;

• 培养认真负责和科学严谨的工作态度。

2.2.1 铺设扫地杆、竖立杆的项目要求

1)尺寸要求(图2.7)

搭设长度及宽度:12 m×12 m的满堂扣件式钢管脚手架。

扫地杆离地高度:200 mm。

脚手架立杆横距L_0:1 200 mm。

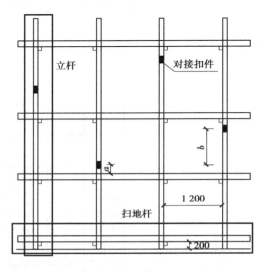

图2.7 满堂脚手架搭设尺寸要求

2)小组合作要求

6人同时从仓库抬出钢管(2人一组),1人从仓库搬出扣件,1人搬出所需要的工具。2人扶住立杆;1人手扶扫地杆;1人用卷尺量出离地高度,并放置扣件;1人用扳手调节扣件松紧程度,保证扫地杆与立杆能够牢固;1人根据脚手架图纸计算所需钢管的规格及数量;1人根据脚手架图纸计算所需扣件的种类及数量(若8人一组,则另1人按教师要求加入上述任一种分工)。

3)质量要求

①搭设钢管脚手架,使用钢管必须有合格证,符合规范、规程的质量要求后,才能使用。

②脚手架的立杆间距与扫地杆离地高度严格按方案施工,不得随意更改。立杆与横杆要求横杆平竖杆直,相邻两杆接头应相互错开驳接,并用对接扣件连接,同时拧紧螺栓。

2.2.2 铺设扫地杆、竖立杆的工具材料

1)脚手架搭设工具

活动扳手、短锤、脚手架扳手、水平仪、折尺、钢尺。

2）检测工具

靠尺、检测尺、卷尺、塞尺。

3）脚手架材料

底座、各规格钢管、对接扣件、旋转扣件、直角扣件。

（1）底座

底座是用于立杆底部的垫座。扣件式钢管脚手架的底座有可锻铸铁制成的定型底座和套管、钢板焊接底座两种,可根据具体情况选用。底座的几何尺寸如图2.8所示。

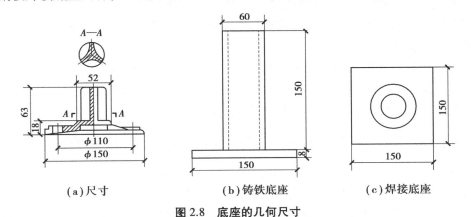

（a）尺寸　　　　　（b）铸铁底座　　　　　（c）焊接底座

图2.8　底座的几何尺寸

可锻铸铁制造的标准底座,其材质和加工质量要求与可锻铸铁扣件相同。

焊接底座采用 Q235A 钢,焊条应采用 E43 型。

（2）钢管

钢管采用直缝电焊钢管或低压流体输送用焊接钢管,有外径 48 mm,壁厚 3.5 mm 和外径 51 mm,壁厚 3.0 mm 两种规格混合使用。

钢管脚手架的各种杆件应优先采用外径 48 mm,壁厚 3.5 mm 的电焊钢管。用于立柱、大横杆和各支撑杆（斜撑、剪刀撑、抛撑等）的钢管最大长度不得超过 6.5 m,一般为 4～6.5 m;小横杆所用钢管的最大长度不得超过 2.2 m,一般为 1.8～2.2 m。每根钢管的质量应控制在 25 kg 内。钢管两端面应平整,严禁打孔和开口。

（3）扣件

①直角扣件（十字扣件）:用于连接两根垂直相交的杆件,如立杆与大横杆、大横杆与小横杆的连接。靠扣件和钢管之间的摩擦力传递施工荷载。

②旋转扣件（回转扣件）:用于连接两根平行或任意角度的扣件,如斜撑和剪刀撑与立柱、大横杆和小横杆的连接。

③对接扣件（一字扣件）:钢管对接接长用的扣件,如立杆、大横杆的接长。

注意:脚手架采用的扣件,在螺栓拧紧扭力矩达 65 N·m 时,不得发生破坏。

对新采购的扣件应进行检验,若不符合要求,应抽样送专业单位进行鉴定。

旧扣件在使用前因进行质量检查,有裂缝、变形的严禁使用,出现滑丝的螺栓必须更换。

新旧扣件均应进行防锈处理。

2.2.3 铺设扫地杆、竖立杆的作业条件

①上一道工序和相关安全措施已完成并办理好验收手续。

②脚手架搭设所需相关材料已经计算完毕并准备到位,搭设前应做好钢管、扣件、底座的质量检查。

③钢管、扣件除锈。

钢管:通常对新购进的钢管进行除锈处理。在钢管内壁刷涂两道防锈漆,外壁刷涂一道防锈漆、两道面漆。对旧钢管的锈蚀检查应每年一次。检查时,在锈蚀严重的钢管中抽取 3 根,在每根钢管的锈蚀严重部位横向截断取样检查。经检验符合要求的钢管应进行除锈处理,并刷涂一道防锈漆和两道面漆。

扣件:要定期对扣件进行除锈和防锈工作,凡湿度较大的地域(大于 75%)每年涂刷一次防锈漆,普通地域应两年涂刷一次防锈漆。钢管扣件要涂油,螺栓宜镀锌防锈。凡没有条件镀锌时,应在每次使用后用煤油洗涤,再涂上机油防锈。

2.2.4 铺设扫地杆、竖立杆的施工工艺(注:本任务为下画线的部分内容)

在搭设脚手架时,各杆的搭设顺序为:<u>基础处理→弹线定位→设置底座或垫木→摆放纵向扫地杆→逐根竖立杆(随即与纵向扫地杆扣紧)→安放横向扫地杆(与立杆或纵向扫地杆扣紧)</u>→安装第一步纵向水平杆和横向水平杆→安装第二步纵向和横向水平杆→加设临时抛撑(上端与第二步纵向水平杆扣紧,在设置两道连墙杆后可拆除)→安装第三、四步纵向和横向水平杆→设置连墙杆→安装横向斜撑→接立杆→加设剪刀撑→铺脚手板→安装护身栏杆和扫脚板→立挂安全网。

脚手架必须设置纵、横向扫地杆。根据脚手架的宽度摆放纵向扫地杆,然后将各立杆的底部按规定跨距与纵向扫地杆用直角扣件固定,并安装好横向扫地杆,如图 2.9 所示。

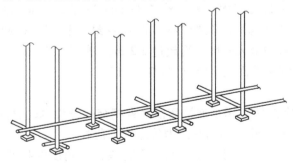

图 2.9 摆放扫地杆、竖立杆

立杆要先竖里排立杆,然后竖外排立杆;先竖两端立杆,后竖中间各立杆。每根立杆底部应设置底座或垫板。纵向扫地杆固定在立杆内侧,其距底座上皮的距离不应大于 200 mm。横向扫地杆应采用直角扣件固定在紧靠纵向扫地杆下方的立杆上,或紧挨着立杆,固定在纵向扫地杆下侧(图 2.10)。

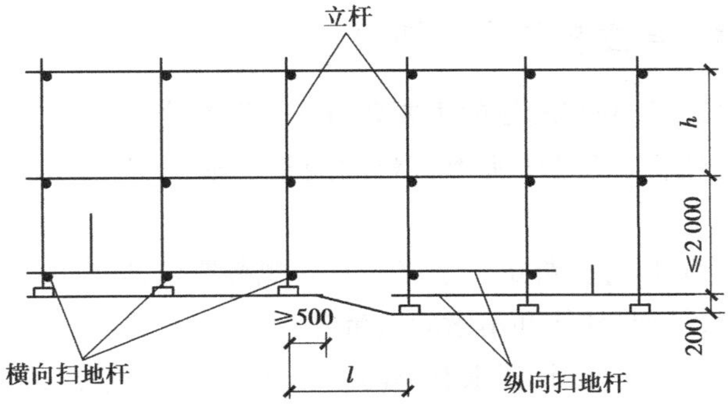

图 2.10　纵、横向扫地杆

2.2.5　铺设扫地杆、竖立杆的验收及评定

落地扣件式钢管脚手架扫地杆、立杆搭设考核验收表见表 2.3。

表 2.3　落地扣件式钢管脚手架扫地杆、立杆搭设考核验收表

实训项目			实训时间		实训地点		
姓　　名			班　　级		指导教师		
成　　绩							
序号	检验内容		要求及允许偏差	检验方法	验收记录	配分	得分
1	工作程序		正确的搭、拆程序	巡查		10	
2	坚固性和稳定性		脚手架无过大摇晃、倾斜	观察、检查		10	
3	立杆垂直度		±7 mm	吊线和钢尺		10	
4	间距		步距：±20 mm 柱距：±50 mm 排距：±20 mm	用钢尺检查		10	
5	纵向水平杆高差		一根杆两端：±20 mm	用水平仪或水平尺检查		5	
			同跨度内、外纵向水平杆高差：±10 mm			5	
6	扣件安装		主节点处各扣件中心点相互距离：$\Delta = 150$ mm	用钢尺检查		5	
	扣件螺栓拧紧扭力矩		40~65 N·m	扭力扳手		5	
7	底座安装		厚度≥50 mm，$L \geq 2$ 跨	观察、用钢尺检查		10	
8	安全施工		安全设施到位	巡查		5	
			没有危险动作	巡查		5	
9	文明施工		工具完好、场地整洁	巡查		5	
	施工进度		按时完成	巡查		5	
10	团队精神		分工协作	巡查		5	
	工作态度		人人参与	巡查		5	

2.2.6 铺设扫地杆、竖立杆的安全知识

进行脚手架搭设时,控制其质量的主要环节有以下几个方面:

①搭设脚手架扫地杆、竖立杆所用材料的规格和质量必须符合设计要求和安全规范要求。

②搭设脚手架扫地杆、竖立杆的构造必须符合规范要求,同时注意绑扎扣和扣件螺栓的拧紧程度,挑梁、挑架、吊架、挂钩和吊索的质量等。

③搭设脚手架扫地杆、竖立杆要求有牢固的、足够的连墙点,以确保整个脚手架的稳定。

2.3 落地扣件式钢管脚手架——铺设纵横向水平杆

【学习目标】

知识目标
- 掌握纵横水平杆的铺设方式。

技能目标
- 学会钢管脚手架纵横水平杆的搭设;
- 掌握在作业实施中的安全操作要领。

职业素养目标
- 养成科学的工作模式;
- 培养认真负责和科学严谨的工作态度。

2.3.1 铺设纵横向水平杆的项目要求

1)尺寸要求

①搭设长度及宽度:3.6 m×9.6 m。

②脚手架纵横水平杆步距:1 200 mm。

2)小组合作要求

6人同时从仓库抬出钢管(2人一组),1人从仓库搬出扣件,1人搬出所需要的工具。1人根据脚手架图纸计算所需钢管的规格及数量;1人根据脚手架图纸计算所需扣件的种类及数量。

1人用卷尺量出大横杆(纵向水平杆)步距,2~3人抬起纵向水平杆至步距高度,1人放置扣件;1人用扳手调节扣件松紧程度,保证纵向水平杆与立杆能够牢固;纵向水平杆施工完成后按照本顺序完成小横杆(横向水平杆)的搭设(若8人一组,则另2人按教师要求加入上述任一种分工)。

3)质量要求

①搭设钢管脚手架纵横向水平杆,使用钢管必须有合格证,符合规范、规程的质量要求

后,才能使用。

②脚手架纵横水平杆步距严格按方案施工,不得随意更改。立杆与横杆要求横杆平竖杆直,相邻两杆接头应相互错开驳接,并用对接扣件连接,同时拧紧螺栓。

2.3.2　铺设纵横向水平杆工具材料

1)脚手架搭设工具

活动扳手、短锤、脚手架扳手、水平仪、折尺、钢尺。

2)检测工具

靠尺、检测尺、卷尺、塞尺、水平仪或水平尺。

3)脚手架材料

各规格钢管、对接扣件、旋转扣件、直角扣件。

(1)钢管

钢管采用直缝电焊钢管或低压流体输送用焊接钢管,有外径 48 mm,壁厚 3.5 mm 和外径 51 mm,壁厚 3.0 mm 两种规格混合使用。

脚手架的各种杆件应优先采用外径 48 mm,壁厚 3.5 mm 的电焊钢管。用于立柱、大横杆和各支撑杆(斜撑、剪刀撑、抛撑等)的钢管,最大长度不得超过 6.5 m,一般为 4~6.5 m,小横杆所用钢管的最大长度不得超过 2.2 m,一般为 1.8~2.2 m。每根钢管的质量应控制在 25 kg 内。钢管两端面应平整,严禁打孔、开口。

(2)扣件

铺设脚手架纵横水平杆所采用的扣件有对接扣件(一字扣件)、旋转扣件(回转扣件)、直角扣件(十字扣件)。

脚手架采用的扣件,在螺栓拧紧扭力矩达 65 N·m 时,不得发生破坏。对新采购的扣件应进行检验。若不符合要求,应抽样送专业单位进行鉴定。旧扣件在使用前因进行质量检查,有裂缝、变形的严禁使用,出现滑丝的螺栓必须更换。新旧扣件均应进行防锈处理。

2.3.3　铺设脚手架纵横水平杆的作业条件

①已完成落地扣件式钢管脚手架扫地杆、竖立杆工序和相关安全措施,并办理好验收手续。

②铺设脚手架纵横水平杆所需的相关材料已计算完毕并准备到位,搭设前应做好钢管、扣件的质量检查。

③钢管、扣件除锈。

钢管:铺设脚手架纵横水平杆的钢管应符合国家相应规范及要求。通常对新购进的钢管先进行除锈,钢管内壁刷涂两道防锈漆,外壁刷涂一道防锈漆、两道面漆。对旧钢管的锈蚀检查应每年一次。检查时,在锈蚀严重的钢管中抽取 3 根,在每根钢管的锈蚀严重部位横向截断取样检查。经检验符合要求的钢管应进行除锈,并刷涂防锈漆和面漆。

扣件:要定期对扣件进行除锈、防锈工作,凡湿度较大的地域(大于 75%)每年涂防锈漆一次,普通地域应两年涂一次防锈漆。钢管扣件要涂油。螺栓宜镀锌防锈。凡没有条件镀锌时,应在每次使用后用煤油洗涤,再涂上机油防锈。

2.3.4 铺设脚手架纵横水平杆的施工工艺(本次任务为下画线部分)

在搭设脚手架时,各杆的搭设顺序为:摆放纵向扫地杆→逐根竖立杆(随即与纵向扫地杆扣紧)→安放横向扫地杆(与立杆或纵向扫地杆扣紧)→<u>安装第一步纵向水平杆和横向水平杆</u>→安装第二步纵向水平杆和横向水平杆→加设临时抛撑(上端与第二步纵向水平杆扣紧,在设置两道连墙杆后可拆除)→安装第三、四步纵向和横向水平杆→设置连墙杆→安装横向斜撑→接立杆→加设剪刀撑→铺脚手板→安装护身栏杆和扫脚板→立挂安全网。

2.3.5 安装纵向水平杆和横向水平杆

在竖立杆的同时,要及时搭设第一、二步纵向水平杆和横向水平杆,以及临时抛撑或连墙杆,以防架子倾倒,如图 2.11 所示。

在双排脚手架中,横向水平杆靠墙一端的外伸长度应不大于 0.4L 且不大于 500 mm,其靠墙一端端部离墙(装饰面)的距离应不大于 100 mm,如图 2.12 所示。

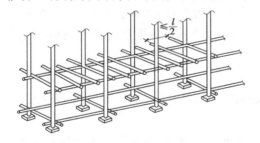

图 2.11　脚手架纵向、横向水平杆安装　　　图 2.12　脚手架纵向、横向水平杆安装

单排脚手架的横向水平杆的一端用直角扣件固定在纵向水平杆上;另一端应插入墙内,其插入长度不应小于 180 mm(图 2.13)。

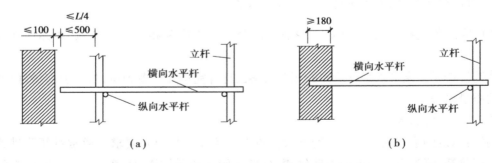

图 2.13　纵向水平杆构造

在主节点处必须设置横向水平杆,并在架子的使用过程中严禁拆除。

作业层上非主节点处的横向水平杆,应根据支承脚手板的需要,等距离设置(用直角扣件固定在纵向水平杆上),最大间距应不大于1/2跨距。

作业层上非主节点处的纵向水平杆,应根据铺放脚手板的需要,等距离设置(用直角扣件固定在横向水平杆上),其最大间距应不大于400 mm。

每根纵向水平杆的钢管长度至少跨越3跨(4.5~6 m),安装后其两端的允许高差要求在20 mm之内。在同一跨内,里、外两根纵向水平杆的允许高差应小于10 mm(图2.14)。

纵向水平杆安装在立杆的内侧,优点如下:

①方便立杆接长和安装剪刀撑;

②对高空作业更为安全;

③可减少横向水平杆跨度。

搭接时,搭接长度不应小于1 m,用等距设置的3个旋转扣件固定,端部扣件盖板边缘至杆端距离不小于100 mm(图2.15)。

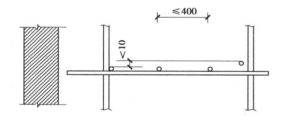

图2.14　纵向水平杆的间距、允许高差　　　　图2.15　纵向水平杆的搭接连接

2.3.6　铺设脚手架纵横水平杆验收及评定

落地扣件式钢管脚手架纵横水平杆搭设考核验收表见表2.4。

表2.4　落地扣件式钢管脚手架纵横水平杆搭设考核验收表

实训项目			实训时间		实训地点	
姓　　名			班　　级		指导教师	
成　　绩						
序号	检验内容	要求及允许偏差		检验方法	验收记录	配分	得分
1	工作程序	正确的搭、拆程序		巡查		10	
2	坚固性和稳定性	脚手架无过大摇晃、倾斜		观察、检查		10	
3	立杆垂直度	±7 mm		吊线和钢尺		10	
4	间距	步距:±20 mm 柱距:±50 mm 排距:±20 mm		用钢尺检查		10	

续表

序号	检验内容	要求及允许偏差	检验方法	验收记录	配分	得分
5	纵向水平杆高差	一根杆两端:±20 mm	用水平仪或水平尺检查		5	
		同跨度内、外纵向水平杆高差:±10 mm			5	
6	扣件安装	主节点处各扣件中心点相互距离:Δ=150 mm	用钢尺检查		5	
	扣件螺栓拧紧扭力矩	40~65 N·m	扭力扳手		5	
7	底座安装	厚度≥50 mm,L≥2跨	观察、用钢尺检查		10	
8	安全施工	安全设施到位	巡查		5	
		没有危险动作	巡查		5	
9	文明施工	工具完好、场地整洁	巡查		5	
	施工进度	按时完成	巡查		5	
10	团队精神	分工协作	巡查		5	
	工作态度	人人参与	巡查		5	

2.3.7 铺设脚手架纵横水平杆搭设的安全知识

进行脚手架纵横水平杆搭设时,控制其质量的主要环节有以下几个方面:

①搭设脚手架纵横水平杆所用材料的规格和质量必须符合设计要求和安全规范要求。

②搭设脚手架纵横水平杆的构造必须符合规范要求,同时注意绑扎扣和扣件螺栓的拧紧程度,挑梁、挑架、吊架、挂钩和吊索的质量等。

③搭设脚手架纵横水平杆要求有牢固的、足够的连墙点,以确保整个脚手架的稳定。

2.4 落地扣件式钢管脚手架——设置抛撑、斜撑

【学习目标】

知识目标

● 掌握抛撑、斜撑的铺设方式;

- 熟悉本工种的操作规程以及气候对施工的影响。

技能目标

- 学会钢管脚手架抛撑、斜撑的搭设;
- 掌握在作业实施中的安全操作要领。

职业素养目标

- 养成科学的工作模式;
- 培养认真负责和科学严谨的工作态度。

2.4.1　设置抛撑、斜撑的项目要求

1)尺寸要求

搭设长度及宽度:3.6 m×9.6 m。

脚手架纵、横水平杆步距:1 200 mm。

2)小组合作要求

6 人同时从仓库抬出钢管(2 人一组),1 人从仓库搬出扣件,1 人搬出所需要的工具。1 人根据脚手架图纸计算所需钢管的规格及数量;1 人根据脚手架图纸计算所需扣件的种类及数量。

1 人用卷尺量出抛撑离脚手架下支点距离,2 人抬抛撑钢管(1 人固定下支点,1 人固定上支点);1 人放置扣件;1 人用扳手调节扣件松紧程度,保证纵向水平杆与立杆能够牢固(若8 人一组,则另 2 人按教师要求加入上述任一种分工)。

2 人抬斜撑钢管(1 人固定下支点,1 人固定上支点);1 人放置扣件;1 人用扳手调节扣件松紧程度,保证纵向水平杆与立杆能够牢固(若 8 人一组,则另 3 人按教师要求加入上述任一种分工)。

3)质量要求

①搭设钢管脚手架,使用钢管必须有合格证,符合规范、规程的质量要求后,才能使用。

②脚手架纵、横水平杆步距严格按方案施工,不准随意更改;立杆与横杆要求横杆平竖杆直,相邻两杆接头应相互错开驳接,并用对接扣件连接,同时拧紧螺栓。

2.4.2　设置抛撑、斜撑的工具材料

1)脚手架搭设工具

活动扳手、短锤、脚手架扳手、水平仪、折尺、钢尺。

2)检测工具

靠尺、检测尺、卷尺、塞尺、水平仪或水平尺。

3）脚手架材料

各规格钢管、对接扣件、旋转扣件、直角扣件。

（1）钢管

采用直缝电焊钢管或低压流体输送用焊接钢管，有外径 48 mm，壁厚 3.5 mm 和外径 51 mm，壁厚 3.0 mm 两种规格混合使用。

脚手架的各种杆件应优先采用外径 48 mm，壁厚 3.5 mm 的电焊钢管。用于立柱、大横杆和各支撑杆（斜撑、剪刀撑、抛撑等）的钢管最大长度不得超过 6.5 m，一般为 4~6.5 m；小横杆所用钢管的最大长度不得超过 2.2 m，一般为 1.8~2.2 m。每根钢管的质量应控制在 25 kg 内。钢管两端面应平整，严禁打孔、开口。

（2）扣件

设置抛撑、斜撑时，所采用的扣件有对接扣件、旋转扣件、直角扣件。

脚手架采用的扣件，在螺栓拧紧扭力矩达 65 N·m 时，不得发生破坏。对新采购的扣件应进行检验，若不符合要求，应抽样送专业单位进行鉴定。旧扣件在使用前因进行质量检查，有裂缝、变形的严禁使用，出现滑丝的螺栓必须更换。新旧扣件均应进行防锈处理。

2.4.3　设置抛撑、斜撑的作业条件

①上一道工序和相关安全措施已完成并办理好验收手续。

②脚手架搭设所需相关材料已经计算完毕并准备到位，搭设前应做好钢管、扣件的质量检查。

③钢管、扣件除锈。

钢管：设置抛撑、斜撑的钢管应符合国家相应规范及要求。通常对新购进的钢管先进行除锈，钢管内壁刷涂两道防锈漆，外壁刷涂一道防锈漆、两道面漆。对旧钢管的锈蚀检查应每年一次。检查时，在锈蚀严重的钢管中抽取 3 根，在每根钢管的锈蚀严重部位横向截断取样检查。经检验符合要求的钢管应进行除锈，并刷涂防锈漆和面漆。

扣件：要定期对扣件进行除锈、防锈工作，凡湿度较大的地域（大于 75%）每年涂防锈漆一次，普通地域应两年涂一次防锈漆。钢管扣件要涂油。螺栓宜镀锌防锈。凡没有条件镀锌时，应在每次使用后用煤油洗涤，再涂上机油防锈。

2.4.4　设置抛撑、斜撑的施工工艺（本次任务为下画线部分）

在搭设脚手架时，各杆的搭设顺序为：摆放纵向扫地杆→逐根竖立杆（随即与纵向扫地杆扣紧）→安放横向扫地杆（与立杆或纵向扫地杆扣紧）→安装第一步纵向水平杆和横向水平杆→安装第二步纵向水平杆和横向水平杆→<u>加设临时抛撑（上端与第二步纵向水平杆扣紧，在设置两道连墙杆后可拆除）</u>→安装第三、四步纵向和横向水平杆→设置连墙杆→安装横向斜撑→<u>接立杆</u>→加设剪刀撑→铺脚手板→安装护身栏杆和扫脚板→立挂安全网。

1）加设临时抛撑

在设置第一层连墙件之前,除角部外,每隔 6 跨(10～12 m)应设一根抛撑,直至装设两道连墙件且稳定后,方可根据情况拆除。抛撑应采用通长杆,上端与脚手架中第二步纵向水平杆连接,连接点与主节点的距离不大于 300 mm。抛撑与地面的倾角宜为 45°～60°。

2）加设横向斜撑

设置横向斜撑可以提高脚手架的横向刚度,并能显著提高脚手架的稳定性和承载力。

横向斜撑应随立杆、纵向水平杆、横向水平杆等同步搭设。横向斜撑应符合以下规定:

①一道横向斜撑应在同一节间内由底到顶呈之字形连续布置(图 2.16)。

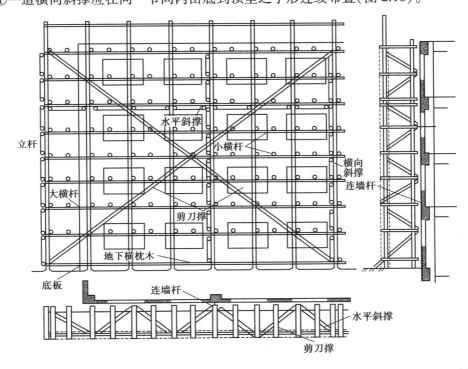

图 2.16　横向斜撑设置

②一字形、开口形双排脚手架的两端必须设置横向斜撑,在中间宜每隔 6 跨设置一道。

③高度在 24 m 以上封圈型双排脚手架,在拐角处应设置横向斜撑,中间应每隔 6 跨设置一道。

④高度在 24 m 以下封圈型双排脚手架可不设横向斜撑。

⑤撑杆宜采用旋转扣件固定在与之相交的横向水平杆的伸出端(扣件中心线与主节点的距离不宜大于 150 mm),底层斜杆的下端必须支承在垫块或垫板上。

2.4.5　抛撑及横向斜撑搭设验收及评定

落地扣件式钢管脚手架抛撑及横向斜撑搭设考核验收表见表 2.5。

表 2.5　落地扣件式钢管脚手架抛撑及横向斜撑搭设考核验收表

实训项目			实训时间		实训地点		
姓　名			班　级		指导教师		
成　绩							
序号	检验内容		要求及允许偏差	检验方法		验收记录	配分	得分
1	工作程序		正确的搭、拆程序	巡查			10	
2	坚固性和稳定性		脚手架无过大摇晃、倾斜	观察、检查			10	
3	立杆垂直度		±7 mm	吊线和钢尺			10	
4	间距		步距:±20 mm 柱距:±50 mm 排距:±20 mm	用钢尺检查			10	
5	纵向水平杆高差		一根杆两端:±20 mm	用水平仪或水平尺检查			5	
			同跨度内、外纵向水平杆高差:±10 mm				5	
6	扣件安装		主节点处各扣件中心点相互距离:Δ＝150 mm	用钢尺检查			5	
	扣件螺栓拧紧扭力矩		40~65 N·m	扭力扳手			5	
7	底座安装		厚度≥50 mm,L≥2跨	观察、用钢尺检查			10	
8	安全施工		安全设施到位	巡查			5	
			没有危险动作	巡查			5	
9	文明施工		工具完好、场地整洁	巡查			5	
	施工进度		按时完成	巡查			5	
10	团队精神		分工协作	巡查			5	
	工作态度		人人参与	巡查			5	

2.4.6　抛撑及横向斜撑搭设脚手架的搭设安全知识

进行脚手架抛撑及横向斜撑搭设时,控制其质量的主要环节有以下几个方面:

①搭设脚手架抛撑及横向斜撑所用材料的规格和质量必须符合设计要求和安全规范要求。

②搭设脚手架抛撑及横向斜撑的构造必须符合规范要求,同时注意绑扎扣和扣件螺栓的拧紧程度,挑梁、挑架、吊架、挂钩和吊索的质量等。

③搭设脚手架抛撑及横向斜撑要求有牢固的、足够的连墙点,以确保整个脚手架的稳定。

2.5　落地式钢管脚手架——布置剪刀撑、接立杆

【学习目标】

知识目标
- 掌握剪刀撑的布设方式;
- 熟悉落地式钢管脚手架搭设接立杆质量要求及保证措施;
- 熟悉本工种的操作规程以及气候对施工的影响。

技能目标
- 学会落地式钢管脚手架剪刀撑的搭设;
- 学会落地式钢管脚手架接立杆的搭设;
- 掌握在作业实施中的安全操作要领。

职业素养目标
- 养成科学的工作模式;
- 培养认真负责和科学严谨的工作态度。

2.5.1　布置剪刀撑、接立杆项目要求

1)尺寸要求

①搭设长度及宽度:3.6 m×9.6 m(高度随立杆)。

②脚手架纵、横水平杆步距:1 200 mm。

③剪刀撑至少跨越4跨,且宽度不小于6 m。

2)小组合作要求

6人同时从仓库抬出钢管(2人一组),1人从仓库搬出扣件,1人搬出所需要的工具;1人根据脚手架图纸计算所需钢管的规格及数量;1人根据脚手架图纸计算所需扣件的种类及数量;2~3人合作抬起剪刀撑钢管,1人放置扣件,1人用工具将剪刀撑钢管与脚手架纵向水平杆或立杆连接固定(若8人一组,则另2人按教师要求加入上述任一种分工)。

4人同时从仓库抬出钢管(2人一组),1人从仓库搬出扣件,1人搬出所需要的工具。搭设好扫地杆、竖立杆、纵横水平杆,然后将对接立杆扶好,由1人选用对接扣件并固定。

3)质量要求

①搭设钢管脚手架,使用钢管必须有合格证,符合规范、规程的质量要求后,才能使用。

②脚手架纵横水平杆步距严格按方案施工,不准随意更改;立杆与横杆要求横杆平竖杆直,相邻两杆接头应相互错开驳接,并用对接扣件连接,同时拧紧螺栓。

③对接、搭接应符合下列规定:搭接长度不应小于1 m,应采用不少于2个旋转扣件固定,端部扣件盖板的边缘至杆端距离不应小于100 mm。立杆的对接扣件应交错布置,两根相邻立杆的接头不应设置在同步内。对扣件的搭接、对接需要严格遵守以上规定,在实施工作中对扣件的接头进行严格的质量控制。

④剪刀撑的搭设要求如下：

a.每道剪刀撑宽度不应小于4跨，且不应小于6 m，斜杆与地面的倾角宜为45°~60°。

b.高度在24 m以下的单、双排脚手架，均必须在外侧立面的两端各设一道剪刀撑，并应由底至顶连续设置；中间各道剪刀撑之间的净距不应大于15 m。

2.5.2 布置剪刀撑、接立杆的工具材料

1)脚手架搭设工具

活动扳手、短锤、脚手架扳手、水平仪、折尺、钢尺。

2)检测工具

靠尺、检测尺、卷尺、塞尺、水平仪或水平尺。

3)脚手架材料

各规格钢管、对接扣件、旋转扣件、直角扣件。

（1）钢管

采用直缝电焊钢管或低压流体输送用焊接钢管，有外径48 mm，壁厚3.5 mm和外径51 mm，壁厚3.0 mm两种规格混合使用。

钢管脚手架的各种杆件应优先采用外径48 mm，壁厚3.5 mm的电焊钢管。用于立柱、大横杆和各支撑杆（斜撑、剪刀撑、抛撑等）的钢管最大长度不得超过6.5 m，一般为4~6.5 m，小横杆所用钢管的最大长度不得超过2.2 m，一般为1.8~2.2 m。每根钢管的质量应控制在25 kg内。钢管两端面应平整，严禁打孔、开口。

通常对新购进的钢管先进行除锈，钢管内壁刷涂两道防锈漆，外壁刷涂一道防锈漆、两道面漆。对旧钢管的锈蚀检查应每年一次。检查时，在锈蚀严重的钢管中抽取3根，在每根钢管的锈蚀严重部位横向截断取样检查。经检验符合要求的钢管应进行除锈，并刷涂防锈漆和面漆。

（2）扣件

布置剪刀撑、接立杆时，所采用的扣件有对接扣件、旋转扣件、直角扣件。

脚手架采用的扣件，在螺栓拧紧扭力矩达65 N·m时，不得发生破坏。对新采购的扣件应进行检验，若不符合要求，应抽样送专业单位进行鉴定。旧扣件在使用前应进行质量检查，有裂缝、变形的严禁使用，出现滑丝的螺栓必须更换。新旧扣件均应进行防锈处理。

2.5.3 布置剪刀撑、接立杆的作业条件

①抛撑、斜撑工序和相关安全措施已完成并办理好验收手续。

②布置剪刀撑、接立杆所需相关材料已经计算完毕并准备到位，搭设前应做好钢管、扣件的质量检查。

③钢管、扣件除锈。

钢管：布置剪刀撑、接立杆的钢管应符合国家相应规范及要求。通常对新购进的钢管先进行除锈，钢管内壁刷涂两道防锈漆，外壁刷涂一道防锈漆、两道面漆。对旧钢管的锈蚀检

查应每年一次。检查时,在锈蚀严重的钢管中抽取 3 根,在每根钢管的锈蚀严重部位横向截断取样检查。经检验符合要求的钢管应进行除锈,并刷涂防锈漆和面漆。

扣件:要定期对扣件进行除锈、防锈工作,凡湿度较大的地域(大于 75%)每年涂防锈漆一次,普通地域应两年涂刷一次防锈漆。钢管扣件要涂油,螺栓宜镀锌防锈。凡没有条件镀锌时,应在每次运用后用煤油洗涤,再涂上机油防锈。

2.5.4　布置剪刀撑、接立杆施工工艺(本次任务为下画线部分)

在搭设脚手架时,各杆的搭设顺序为:摆放纵向扫地杆→逐根竖立杆(随即与纵向扫地杆扣紧)→安放横向扫地杆(与立杆或纵向扫地杆扣紧)→安装第一步纵向水平杆和横向水平杆→安装第二步纵向和横向水平杆→加设临时抛撑(上端与第二步纵向水平杆扣紧,在设置两道连墙杆后可拆除)→<u>安装第三、四步纵向和横向水平杆→设置连墙杆→安装横向斜撑→接立杆→加设剪刀撑→铺脚手板</u>→安装护身栏杆和扫脚板→立挂安全网。

1)钢管脚手架剪刀撑的铺设

设置剪刀撑可增强脚手架的整体刚度和稳定性,提高脚手架的承载力。不论是双排脚手架还是单排脚手架,均应设置剪刀撑。剪刀撑是防止脚手架纵向变形的重要措施,合理设置剪刀撑可提高脚手架承载能力 12% 以上。剪刀撑应随立杆、纵向水平杆、横向水平杆的搭设同步搭设。高度 24 m 以下的单、双排脚手架必须在外侧立面的两端各设置一道从底到顶连续的剪刀撑,中间各道剪刀撑之间的净距不应大于 15 m[图 2.17(a)]。高度 24 m 以上的双排脚手架应在整个外侧立面上连续设置剪刀撑[图 2.17(b)]。每道剪刀撑至少跨越 4 跨,且宽度不小于 6 m(图 2.17)。如果跨越的跨数少,剪刀撑的效果不显著,脚手架的纵向刚度会较差。

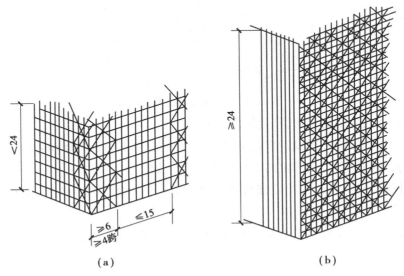

(a)　　　　　　　　　　　　　　(b)

图 2.17　剪刀撑设置(单位:m)

脚手架外侧面设置的呈十字交叉的斜杆,可增强脚手架的稳定性和整体刚度(图 2.18)。

图 2.18　水平剪刀撑、垂直剪刀撑

2)钢管脚手架立杆的对接

扣件式钢管脚手架中立柱,除顶层顶步可采用搭接接头外,其他各层各步必须采用对接扣件连接(对接的承载能力比搭接大 2.14 倍),如图 2.19 所示。

图 2.19　钢管脚手架立杆的对接

立杆的对接接头应交错布置,具体要求如下:

①两根相邻的接头不得设置在同步内,且接头的高差不小于 500 mm[图 2.20(a)]。

②各接头中心至主节点的距离不宜大于步距的 1/3[图 2.20(a)]。

③同步同隔一根立杆,两相隔接头在高度方向上错开的距离(高差)不得小于 500 mm[图 2.20(b)]。

立杆搭接时搭接长度不应小于 1 m,至少用两个旋转扣件固定,端部扣件盖板边缘至杆距离不小于 100 mm。

在搭设脚手架立杆时,为控制立杆的偏斜,对立杆的垂直度应进行检测(用经纬仪或吊线和卷尺),而立杆的垂直度用控制水平偏差来保证。

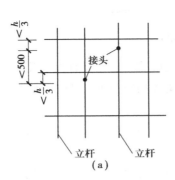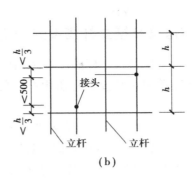

图 2.20 双柱对接接头

2.5.5 剪刀撑搭设及接立杆搭设验收及评定

落地扣件式钢管脚手架剪刀撑搭设及接立杆搭设考核验收表见表 2.6。

表 2.6 落地扣件式钢管脚手架剪刀撑搭设及接立杆搭设考核验收表

实训项目		实训时间		实训地点		
姓　　名		班　　级		指导教师		
成　　绩						
序号	检验内容	要求及允许偏差	检验方法	验收记录	配分	得分
1	工作程序	正确的搭、拆程序	巡查		10	
2	坚固性和稳定性	脚手架无过大摇晃、倾斜	观察、检查		10	
3	立杆垂直度	±7 mm	吊线和钢尺		10	
4	间距	步距:±20 mm 柱距:±50 mm 排距:±20 mm	用钢尺检查		10	
5	纵向水平杆高差	一根杆两端:±20 mm	用水平仪或水平尺检查		5	
		同跨度内、外纵向水平杆高差:±10 mm			5	
6	扣件安装	主节点处各扣件中心点相互距离:Δ=150 mm	用钢尺检查		5	
	扣件螺栓拧紧扭力矩	40~65 N·m	扭力扳手		5	
7	底座安装	厚度≥50 mm,L≥2 跨	观察、用钢尺检查		10	
8	安全施工	安全设施到位	巡查		5	
		没有危险动作	巡查		5	
9	文明施工	工具完好、场地整洁	巡查		5	
	施工进度	按时完成	巡查		5	
10	团队精神	分工协作	巡查		5	
	工作态度	人人参与	巡查		5	

2.5.6 剪刀撑搭设及接立杆搭设的安全知识

进行脚手架剪刀撑及接立杆搭设时,控制其质量的主要环节有以下几个方面:

①搭设脚手架剪刀撑及接立杆所用材料的规格和质量必须符合设计要求和安全规范要求。

②搭设脚手架剪刀撑及接立杆的构造必须符合规范要求,同时注意绑扎扣和扣件螺栓的拧紧程度,挑梁、挑架、吊架、挂钩和吊索的质量等。

③搭设脚手架剪刀撑及接立杆要求有牢固的、足够的连墙点,以确保整个脚手架的稳定。

2.6 落地式钢管脚手架——铺设脚手板、安装护身栏和挡脚板

【学习目标】

知识目标

- 铺设脚手板、安装护身栏和挡脚板;
- 熟悉本工种的操作规程以及气候对施工的影响。

技能目标

- 学会脚手板的铺设;
- 学会护身栏、挡脚板的安装;
- 掌握在作业实施中的安全操作要领。

职业素养目标

- 养成科学的工作模式;
- 培养认真负责和科学严谨的工作态度。

2.6.1 铺设脚手板、安装护身栏和挡脚板项目要求

1)尺寸要求

①搭设长度及宽度:3.6 m×9.6 m。

②在作业层上铺设木脚手板(图2.21)。

图2.21 脚手板搭设

2) 小组合作要求

4 人同时从仓库抬出钢管(2 人一组),1 人从仓库搬出扣件,1 人搬出所需要的工具,2 人从仓库抬出木脚手板若干。

1 人根据脚手架图纸计算所需钢管的规格及数量;1 人根据脚手架图纸计算所需扣件的种类及数量,1 人根据图纸计算作业层上搭设木脚手板的数量。在搭设完成的脚手架作业层上铺设脚手板,两人搭设,两人抬材料(若 8 人一组,则另 1 人按教师要求加入上述任一种分工)。

在脚手架顶部安装护身栏杆,两人抬好钢管,1 人放置扣件,1 人用扳手等工具固定牢靠。

挡脚板的安装,在脚手板与立杆交界处搭设垂直于脚手板的挡脚板,并加以固定。1 人铺设挡脚板,两人固定连接。

3) 质量要求

①搭设钢管脚手架,使用钢管必须有合格证,符合规范、规程的质量要求后,才能使用。

②脚手架纵横水平杆步距严格按方案施工,不准随意更改;立杆与横杆要求横杆平竖杆直,相邻两支杆接头应相互错开驳接,并用对接扣件连接,同时拧紧螺栓。

③脚手板搭接铺设时应注意以下几项:

a.接头必须支在横向水平杆上。

b.搭接长度应大于 200 mm。

c.伸出横向水平的长度应小于 100 mm。

2.6.2　铺设脚手板、安装护身栏和挡脚板的工具材料

1) 脚手架搭设工具

活动扳手、短锤、脚手架扳手、水平仪、折尺、钢尺。

2) 检测工具

靠尺、检测尺、卷尺、塞尺、水平仪或水平尺。

3) 脚手架材料

木脚手板应采用杉木或松木制作,其材质应符合现行国家标准的规定。脚手板厚度不应小于 50 mm,板宽为 200~250 mm,板长为 3~6 m。在板两端往内 80 mm 处,用 10 号镀锌钢丝加两道紧箍,防止板端劈裂。

2.6.3　铺设脚手板、安装护身栏和挡脚板的作业条件

铺设脚手板、安装护身栏和挡脚板的作业条件如下:

①扣件式钢管脚手架剪刀撑、接立杆工序和相关安全措施已完成并办理好验收手续。

②木脚手板铺设所需相关材料已经计算完毕并准备到位,搭设前应做好脚手架件的质量检查。

2.6.4 铺设脚手板、安装护身栏和挡脚板施工工艺(本次任务为下画线部分)

在搭设脚手架时,各杆的搭设顺序为:摆放纵向扫地杆→逐根竖立杆(随即与纵向扫地杆扣紧)→安放横向扫地杆(与立杆或纵向扫地杆扣紧)→安装第一步纵向水平杆和横向水平杆→安装第二步纵向和横向水平杆→加设临时抛撑(上端与第二步纵向水平杆扣紧,在设置两道连墙杆后可拆除)→安装第三、四步纵向和横向水平杆→设置连墙杆→安装横向斜撑→接立杆→加设剪刀撑→<u>铺设脚手板→安装护身栏杆和挡脚板</u>→立挂安全网。

1)作业层上脚手板铺设

①作业层的脚手板应铺满、铺稳、固定。

②作业层上脚手板的铺设宽度,除考虑材料临时堆放的位置外,还需考虑手推车的行走,其铺设宽度可参考表2.7。

③脚手板边缘与墙面的间隙一般为120~150 mm,与挡脚板的间隙一般不大于100 mm。

表 2.7 脚手板铺设宽度

行车情况	结构脚手架	装修脚手架
没有小车	≥1.0 m	≥0.9 m
车宽不大于600 mm	≥1.3 m	≥1.2 m
车宽为900~1 000 mm	≥1.6 m	≥1.5 m

2)防护层上脚手板铺设

在脚手架的作业层下面应留一层脚手板作为防护层。施工时,当脚手架的作业层升高时,则将下面一层防护层上的脚手板铺到上面一层,升为作业层的脚手板,两层交错上升。

为了增强脚手架的横向刚度,除在作业层、防护层上铺设脚手板,在脚手架中自顶层作业层往下算,每隔12 m宜满铺一层脚手板。

3)竹笆脚手板铺设

铺竹笆脚手板时,将脚手板的主竹筋垂直于纵向水平杆方向,采用对接平铺,4个角应用φ1.2 mm镀锌钢丝固定在纵向水平杆上。

4)冲压钢板脚手架、木脚手架、竹串片板的铺设

脚手板应铺设在3根横向水平杆上,铺设时可采用对接平铺,也可采用搭接。

2.6.5 铺设脚手板、安装护身栏和挡脚板验收及评定

落地扣件式钢管脚手架脚手板、护身栏、挡脚板安装考核验收表见表2.8。

表 2.8 落地扣件式钢管脚手架脚手板、护身栏、挡脚板安装考核验收表

实训项目		实训时间		实训地点		
姓 名		班 级		指导教师		
成 绩						
序号	检验内容	要求及允许偏差	检验方法	验收记录	配分	得分
1	工作程序	正确的搭、拆程序	巡查		10	
2	坚固性和稳定性	脚手架无过大摇晃、倾斜	观察、检查		10	
3	立杆垂直度	±7 mm	吊线和钢尺		10	
4	间距	步距:±20 mm 柱距:±50 mm 排距:±20 mm	用钢尺检查		10	
5	纵向水平杆高差	一根杆两端:±20 mm	用水平仪或水平尺检查		5	
		同跨度内、外纵向水平杆高差:±10 mm			5	
6	扣件安装	主节点处各扣件中心点相互距离:$\Delta = 150$ mm	用钢尺检查		5	
	扣件螺栓拧紧扭力矩	40~65 N·m	扭力扳手		5	
7	底座安装	厚度≥50 mm,$L ≥ 2$ 跨	观察、用钢尺检查		10	
8	安全施工	安全设施到位	巡查		5	
		没有危险动作	巡查		5	
9	文明施工	工具完好、场地整洁	巡查		5	
	施工进度	按时完成	巡查		5	
10	团队精神	分工协作	巡查		5	
	工作态度	人人参与	巡查		5	

2.6.6 铺设脚手板、安装护身栏和挡脚板的安全知识

1)脚手板搭接铺设时应注意的问题

①接头必须支在横向水平杆上。

②搭接长度应大于 200 mm。

③伸出横向水平杆的长度应小于 100 mm。

2)铺板时应注意的问题

①作业层端部脚手板的一端探头长度应不超过 150 mm,并且板两端应与支承杆固定牢靠。

②装修脚手架作业层上横向脚手架的铺设不得小于 3 块。

③当长度小于 2 m 的脚手板铺设时,可采用两根横向水平杆支承,但必须将脚手板两端用 3.2 mm 镀锌钢丝与支承杆可靠捆牢,严防倾翻。

④脚手板要铺满、铺稳,不能有空头板。

2.7　落地式钢管脚手架——挂设安全网

【学习目标】

知识目标

- 掌握脚手架安全网的铺设方式;
- 熟悉本工种的操作规程以及气候对施工的影响。

技能目标

- 学会脚手板安全网的铺设;
- 掌握在作业实施中的安全操作要领。

职业素养目标

- 养成科学的工作模式;
- 培养认真负责和科学严谨的工作态度。

2.7.1　挂设安全网的项目要求

1)尺寸要求

①脚手架搭设长度及宽度:3.6 m×9.6 m。

②在作业层上铺设水平安全网。

2)小组合作要求

4 人同时从仓库抬出钢管(2 人一组),1 人从仓库搬出扣件,1 人搬出所需要的工具,2 人从仓库抬出木脚手板若干,抱出安全网。

1 人根据脚手架图纸计算所需钢管的规格及数量;1 人根据脚手架图纸计算所需扣件的种类及数量,1 人根据图纸计算作业层上搭设木脚手板的数量。在搭设完成的脚手架作业层上铺设脚手板,两人搭设,两人抬材料(若 8 人一组,则另 1 人按教师要求加入上述任一种分工)。在脚手架顶部安装护身栏杆,2 人抬好钢管,1 人放置扣件,1 人用扳手等工具固定牢靠。挡脚板的安装,在脚手板与立杆交界处搭设垂直于脚手板的挡脚板,并加以固定。一人铺设挡脚板,两人固定连接。在水平作业层下方拉设水平安全网,4 人同时工作,各至一角进行固定,完成后再将安全网中部固定。

3)质量要求

①在施工中必须支设 3~6 m 宽的安全网,高空施工时,除在首层固定一道安全网外,还要在中间悬挑固定一道安全网。施工中要保证安全网完整有效,受力均匀,网内不得有积物。两网的搭接要严密,不得有缝隙。支搭的安全网直到无高空作业时,方可拆除。

②新的安全网必须有产品质量检验合格证,旧安全网必须有允许使用的证明书或合格的检验记录。

③安全网使用前,必须作破断试验,合格后方可使用。

④安全网安装时,在每个系结点上,边绳要与支撑物(架)靠紧,并用一根独立的系绳连接,系结点沿网边均匀分布,其距离不得大于 750 mm。系结点要符合打结方便,连接牢固又容易解开,受力后又不会散脱的原则。

⑤多张网连接使用时,相邻部分要靠紧或重叠,连接绳材料与网相同,强力不得低于其网绳强力。安装好的安全网,要经过现场领工的仔细检查。

⑥安装平网时,要外高内低,控制在15°左右,网不宜绑紧。

⑦网的负载高度不得超过 5 m。

2.7.2　挂设安全网的工具材料

1)脚手架搭设工具

活动扳手、短锤、脚手架扳手、水平仪、折尺、钢尺。

2)检测工具

靠尺、检测尺、卷尺、塞尺、水平仪或水平尺。

3)脚手架材料

密目安全网:网体由网绳编结而成,具有菱形或方形的网目。编结物相邻两个绳结之间的距离称为网目尺寸;网体四周边缘上的网绳,称为边绳。安全网的尺寸(公称尺寸)即由边绳的尺寸而定;把安全网固定在支撑物上的绳,称为系绳。此外,凡用于增加安全网强度的绳,则统称为筋绳。安全网的材料,要求其比重小、强度高、耐磨性好、延伸率大和耐久性较强。此外还应有一定的耐气候性能,受潮受湿后其强度下降不太大。安全网以化学纤维为主要材料。同一张安全网上所有的网绳,都要采用同一材料,所有材料的湿干强力比不得低于75%。通常,多采用维纶和尼龙等合成化纤作网绳。丙纶出于性能不稳定、禁止使用。此外,只要符合国际有关规定的要求,也可采用棉、麻、棕等植物材料作原料。不论用何种材料,每张安全网的质量一般不宜超过 15 kg,并要能承受 800 N 的冲击力。

2.7.3　挂设安全网的作业条件

挂设安全网的作业条件如下:

①铺设脚手板、安装护身栏和挡脚板工序及相关安全措施已完成并办理好验收手续。

②挂设安全网所需相关材料已经计算完毕并准备到位,搭设前应做好脚手架件的质量检查。

2.7.4　挂设安全网的施工工艺(本次任务为下画线部分)

在搭设脚手架时,各杆的搭设顺序为:摆放纵向扫地杆→逐根竖立杆(随即与纵向扫地杆扣紧)→安放横向扫地杆(与立杆或纵向扫地杆扣紧)→安装第一步纵向水平杆和横向水平杆→安装第二步纵向和横向水平杆→加设临时抛撑(上端与第二步纵向水平杆扣紧,在设置两道连墙杆后可拆除)→安装第三、四步纵向和横向水平杆;设置连墙杆→安装横向斜撑→接立杆→加设剪刀撑→铺脚手板→安装护身栏杆和扫脚板→<u>立挂安全网</u>(图 2.22)。

图 2.22　安全网搭设

脚手架在距离地面 3~5 m 处设置安全网,上面每隔 3~4 层设置一道层间网。当作业层在首层以上超过 3 m 时,随作业层设置的安全网称为随层网。

平网伸出脚手架作业层外边缘部分的宽度,首层网为 3~4 m(脚手架高度 $H \leq 24$ m 时)、5~6 m(脚手架高度 $H > 24$ m 时),随层网、层间网为 2.5~3 m(图 2.23 和图 2.24)。

高层建筑脚手架的底部应搭设防护棚。

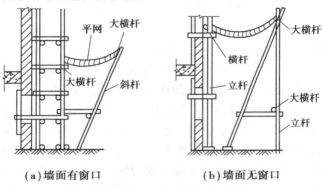

(a)墙面有窗口　　　　　(b)墙面无窗口

图 2.23　平网设置一

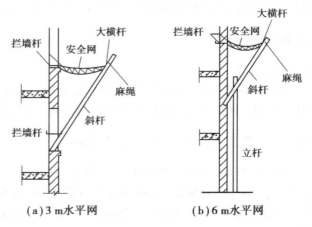

(a)3 m 水平网　　　　　(b)6 m 水平网

图 2.24　平网设置二

2.7.5　挂设安全网的验收及评定

落地扣件式钢管脚手架挂设安全网考核验收表见表2.9。

表 2.9　落地扣件式钢管脚手架挂设安全网考核验收表

实训项目			实训时间		实训地点		
姓　　名			班　　级		指导教师		
成　　绩							
序号	检验内容	要求及允许偏差		检验方法	验收记录	配分	得分
1	工作程序	正确的搭、拆程序		巡查		10	
2	坚固性和稳定性	脚手架无过大摇晃、倾斜		观察、检查		10	
3	立杆垂直度	±7 mm		吊线和钢尺		10	
4	间距	步距:±20 mm 柱距:±50 mm 排距:±20 mm		用钢尺检查		10	
5	纵向水平杆高差	一根杆两端:±20 mm		用水平仪或水平尺检查		5	
		同跨度内、外纵向水平杆高差:±10 mm				5	
6	扣件安装	主节点处各扣件中心点相互距离:$\Delta = 150$ mm		用钢尺检查		5	
	扣件螺栓拧紧扭力矩	40~65 N·m		扭力扳手		5	
7	安全网质量控制	挂设角度≤15°		用水平仪或水平尺检查		10	
8	安全施工	安全设施到位		巡查		5	
		没有危险动作		巡查		5	
9	文明施工	工具完好、场地整洁		巡查		5	
	施工进度	按时完成		巡查		5	
10	团队精神	分工协作		巡查		5	
	工作态度	人人参与		巡查		5	

2.7.6　挂设安全网的安全知识

安全网挂设时应注意以下几项:

①不能随便拆除安全网的构件。

②防止人跳进或把物品投入安全网内。

③防止大量焊接火星或其他火星落入安全网内。

④不能在安全网内或下方堆积物品。

⑤安全网周围不能有严重的腐蚀性烟雾。

2.8 搭设扣件式钢管脚手架一字形斜道

【学习目标】

知识目标

- 掌握脚手架一字形斜道搭设方式;
- 熟悉本工种的操作规程以及气候对施工的影响;
- 熟悉脚手架搭设的安全技术要求。

技能目标

- 学会常用脚手架工具、辅助工具的使用方法;
- 会按施工图(任务书)计算工料,会使用简单的检查工具,能正确进行脚手架搭设材料、工具、场地的准备;
- 学会脚手架一字形斜道的搭设和拆除;
- 了解脚手架工程的质量通病,能分析其原因并提出相应的防治措施和解决办法。

职业素养目标

- 养成科学的工作模式;
- 培养认真负责和科学严谨的工作态度;
- 做到安全施工、文明施工。

2.8.1 搭设扣件式钢管脚手架一字形斜道的项目要求

1)尺寸要求

搭设扣件式钢管脚手架一字形斜道(图2.25)。

图2.25 搭设扣件式钢管脚手架一字形斜道

斜道高 2 m、长 6 m、宽 1.5 m,端部设置长 1 m、宽 1.5 m 的平台。

脚手架尺寸见表2.10。

表 2.10　脚手架尺寸

序　号	规　格	尺　寸
1	立杆纵向间距	
2	立杆横向间距	
3	纵向水平杆步距	
4	横向水平杆步距	
5	斜杆的倾斜角度	

2) 质量要求

①搭设脚手架的材料规格和质量必须符合要求,不能随便使用。

②架子要有足够的坚固性和稳定性,应防止脚手架摇晃、倾斜、沉陷或倒塌。

③脚手板要铺稳、铺满,不得有探头板。

④脚手架的架杆、配件设置连接是否齐全,质量是否合格,构造是否符合要求,连接和挂扣是否紧固、可靠。

⑤脚手架的垂直度与水平度的偏差是否符合要求。

2.8.2　搭设扣件式钢管脚手架一字形斜道的工具材料

1) 脚手架搭设工具

活动扳手、短锤、脚手架扳手、水平仪、折尺、钢尺。

2) 检测工具

靠尺、检测尺、卷尺、塞尺、水平仪或水平尺。

3) 脚手架材料

钢管、扣件、脚手板、密目安全网,材料用量见表2.11。

表 2.11　材料用量

序　号	规　格	长　度	数　量
1	立杆		
2	纵向水平杆		
3	横向水平杆		
4	斜杆		
5	直角扣件		
6	旋转扣件		
7	对接扣件		

2.8.3　搭设扣件式钢管脚手架一字形斜道的作业条件

搭设扣件式钢管脚手架一字形斜道的作业条件如下：
①清除搭设范围内的障碍物,平整场地,夯实基土,做好现场排水工作。
②根据实训场地范围及脚手架尺寸,确定脚手架搭设方案。
③确定立杆、纵向水平杆、横向水平杆、剪刀撑所采用的钢管。
④配备好扳手、钢丝钳、钢锯、榔头、铁锹、锄头等工具。
⑤对钢管、扣件、脚手板等架料进行检查验收,不合格产品不得使用,经检验合格的构配件按品种、规格分类,堆放整齐。堆放场地不得有积水。

2.8.4　搭设扣件式钢管脚手架一字形斜道的施工工艺

搭设扣件式钢管脚手架一字形斜道的施工工艺如下：
①定位和安铺垫板、底座。
②竖立杆和安放扫地杆。
③安放纵向水平杆和横向水平杆。
④安装斜道处纵向斜杆和横向水平杆。
⑤铺满脚手板。
⑥设置栏杆和挡脚板。

2.8.5　搭设扣件式钢管脚手架一字形斜道验收及评定

搭设扣件式钢管脚手架一字形斜道考核验收表见表2.12。

表2.12　搭设扣件式钢管脚手架一字形斜道考核验收表

实训项目			实训时间		实训地点			
姓　　名			班　　级		指导教师			
成　　绩								
序号	检验内容		要求及允许偏差	检验方法		验收记录	配分	得分
1	工作程序		正确的搭、拆程序	巡查			10	
2	坚固性和稳定性		脚手架无过大摇晃、倾斜	观察、检查			10	
3	立杆垂直度		±7 mm	吊线和钢尺			10	
4	间距		步距:±20 mm 柱距:±50 mm 排距:±20 mm	用钢尺检查			10	
5	纵向水平杆高差		一根杆两端:±20 mm	用水平仪或水平尺检查			5	
			同跨度内、外纵向水平杆高差:±10 mm				5	

续表

序号	检验内容	要求及允许偏差	检验方法	验收记录	配分	得分
6	扣件安装	主节点处各扣件中心点相互距离:$\Delta = 150$ mm	用钢尺检查		5	
	扣件螺栓拧紧扭力矩	$40 \sim 65$ N·m	扭力扳手		5	
7	脚手板铺设	铺稳、铺满,不得有探头板;外伸长度符合要求	观察、用钢尺检查		10	
8	安全施工	安全设施到位	巡查		5	
		没有危险动作	巡查		5	
9	文明施工	工具完好、场地整洁	巡查		5	
	施工进度	按时完成	巡查		5	
10	团队精神	分工协作	巡查		5	
	工作态度	人人参与	巡查		5	

2.8.6　搭设扣件式钢管脚手架一字形斜道的安全知识

进行扣件式钢管脚手架一字形斜道搭设时,控制其质量的主要环节有以下几个方面:

①搭设扣件式钢管脚手架一字形斜道所用材料的规格和质量必须符合设计要求和安全规范要求。

②搭设扣件式钢管脚手架一字形斜道的构造必须符合规范要求,同时注意绑扎扣和扣件螺栓的拧紧程度,挑梁、挑架、吊架、挂钩和吊索的质量等。

③搭设扣件式钢管脚手架一字形斜道要求有牢固的、足够的连墙点,以确保整个脚手架的稳定。

④搭设扣件式钢管脚手架一字形斜道脚手板要铺满、铺稳,不得有空头板。

⑤搭设扣件式钢管脚手架一字形斜道缆风绳应按规定拉好、锚固牢靠。

2.9　搭设扣件式钢管脚手架之字形斜道

【学习目标】

知识目标

- 掌握脚手架之字形斜道搭设方式;
- 熟悉本工种的操作规程及气候对施工的影响;
- 熟悉脚手架搭设的安全技术要求。

技能目标

- 学会常用脚手架工具、辅助工具的使用方法;

● 会按施工图(任务书)计算工料,并会使用简单的检查工具,能正确进行脚手架搭设材料、工具、场地的准备;

● 学会脚手架之字形斜道的搭设和拆除;

● 了解脚手架工程的质量通病,能分析其原因并提出相应的防治措施和解决办法。

职业素养目标

● 养成科学的工作模式;

● 培养认真负责和科学严谨的工作态度;

● 做到安全施工、文明施工。

2.9.1 搭设扣件式钢管脚手架之字形斜道的项目要求

1)尺寸要求

搭设扣件式钢管脚手架之字形斜道(图2.26)。

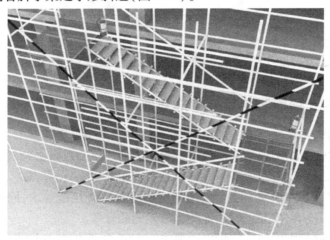

图2.26 之字形斜道

斜道高6 m、长6 m、宽1.5 m,端部设置长1 m、宽1.5 m的平台。

脚手架尺寸见表2.13。

表2.13 脚手架尺寸

序　号	规　格	尺　寸
1	立杆纵向间距	
2	立杆横向间距	
3	纵向水平杆步距	
4	横向水平杆步距	
5	斜杆的倾斜角度	

2）质量要求

①搭设脚手架的材料规格和质量必须符合要求,不能随便使用。

②架子要有足够的坚固性和稳定性,应防止脚手架摇晃、倾斜、沉陷或倒塌。

③脚手板要铺稳、铺满,不得有探头板。

④脚手架的架杆、配件设置连接是否齐全,质量是否合格,构造是否符合要求,连接和挂扣是否紧固、可靠。

⑤脚手架的垂直度与水平度的偏差是否符合要求。

2.9.2　搭设扣件式钢管脚手架之字形斜道的工具材料

1）脚手架搭设工具

活动扳手、短锤、脚手架扳手、水平仪、折尺、钢尺。

2）检测工具

靠尺、检测尺、卷尺、塞尺、水平仪或水平尺。

3）脚手架材料

钢管、扣件、脚手板、密目安全网,材料用量见表 2.14。

表 2.14　材料用量

序　号	规　格	长　度	数　量
1	立杆		
2	纵向水平杆		
3	横向水平杆		
4	斜杆		
5	直角扣件		
6	旋转扣件		
7	对接扣件		

2.9.3　搭设扣件式钢管脚手架之字形斜道的作业条件

①清除搭设范围内的障碍物,平整场地,夯实基土,做好现场排水工作。

②根据实训场地范围及脚手架尺寸,确定脚手架搭设方案。

③确定立杆水平杆、纵向水平杆、横向水平杆、剪刀撑所采用的钢管。

④配备好扳手、钢丝钳、钢锯、榔头、铁锹、锄头等工具。

⑤对钢管、扣件、脚手板等架料进行检查验收,不合格产品不得使用,经检验合格的构配件按品种、规格分类,堆放整齐。堆放场地不得有积水。

2.9.4　搭设扣件式钢管脚手架之字形斜道的施工工艺

之字形斜道实训示例如图 2.27 所示。

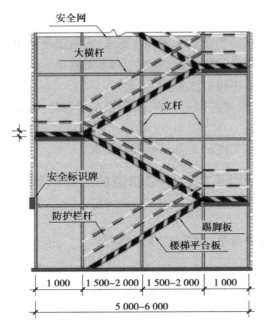

图 2.27 之字形斜道实训示例

搭设扣件式钢管脚手架之字形斜道的施工工艺步骤如下：

①定位和安铺垫板、底座。

②竖立杆和安放扫地杆。

③安放纵向水平杆和横向水平杆。

④安装斜道处纵向斜杆和横向水平杆。

⑤铺满脚手板。

⑥设置栏杆和挡脚板。

2.9.5 搭设扣件式钢管脚手架之字形斜道验收及评定

搭设扣件式钢管脚手架之字形斜道考核验收表见表 2.15。

表 2.15 搭设扣件式钢管脚手架之字形斜道考核验收表

实训项目		实训时间		实训地点		
姓　名		班　级		指导教师		
成　绩						
序号	检验内容	要求及允许偏差	检验方法	验收记录	配分	得分
1	工作程序	正确的搭、拆程序	巡查		10	
2	坚固性和稳定性	脚手架无过大摇晃、倾斜	观察、检查		10	
3	立杆垂直度	±7 mm	吊线和钢尺		10	
4	间距	步距：±20 mm 柱距：±50 mm 排距：±20 mm	用钢尺检查		10	

续表

序号	检验内容	要求及允许偏差	检验方法	验收记录	配分	得分
5	纵向水平杆高差	一根杆两端：±20 mm	用水平仪或水平尺检查		5	
		同跨度内、外纵向水平杆高差：±10 mm			5	
6	扣件安装	主节点处各扣件中心点相互距离：$\Delta=150$ mm	用钢尺检查		5	
	扣件螺栓拧紧扭力矩	40~65 N·m	扭力扳手		5	
7	脚手板铺设	铺稳、铺满，不得有探头板；外伸长度符合要求	观察、用钢尺检查		10	
8	安全施工	安全设施到位	巡查		5	
		没有危险动作	巡查		5	
9	文明施工	工具完好、场地整洁	巡查		5	
	施工进度	按时完成	巡查		5	
10	团队精神	分工协作	巡查		5	
	工作态度	人人参与	巡查		5	

2.9.6　搭设扣件式钢管脚手架之字形斜道的安全知识

进行扣件式钢管脚手架之字形斜道搭设时，控制其质量的主要环节有以下几个方面：

①搭设扣件式钢管脚手架之字形斜道所用材料的规格和质量必须符合设计要求和安全规范要求。

②搭设扣件式钢管脚手架之字形斜道的构造必须符合规范要求，同时注意绑扎扣和扣件螺栓的拧紧程度，挑梁、挑架、吊架、挂钩和吊索的质量等。

③搭设扣件式钢管脚手架之字形斜道要求有牢固的、足够的连墙点，以确保整个脚手架的稳定。

④搭设扣件式钢管脚手架之字形斜道脚手板要铺满、铺稳，不能有空头板。

⑤搭设扣件式钢管脚手架之字形斜道缆风绳应按规定拉好、锚固牢靠。

2.10 扣件式钢管脚手架——吊篮搭设

【学习目标】

知识目标

- 掌握吊篮的搭设方式;
- 熟悉本工种的操作规程及气候对施工的影响。

技能目标

- 学会吊篮的铺设;
- 掌握在作业实施中的安全操作要领。

职业素养目标

- 养成科学的工作模式;
- 培养认真负责和科学严谨的工作态度。

2.10.1 吊篮搭设项目要求

吊篮式脚手架,简称吊篮,由支承设施、吊篮绳、安全绳、手扳葫芦和吊架(或者吊篮)组成,如图2.28所示,利用手扳葫芦进行升降。

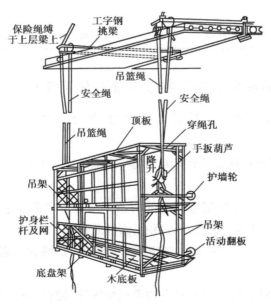

图2.28 手动吊篮脚手架

1)尺寸要求

脚手架搭设长度及宽度:1.5 m×2.5 m。

2) 小组合作要求

4 人同时从仓库抬出钢管(2 人一组),1 人从仓库搬出扣件,1 人搬出所需要的工具。

①搭设吊篮底板面。

②搭设吊篮侧边。

③固定安全绳、吊篮绳。

④安装手扳葫芦。

3) 质量要求

①搭设吊篮式脚手架的材料规格和质量必须符合要求,不能随便使用。

②吊篮内侧距建筑物间隙不大于 100 mm。吊篮的立杆间距为 0.5 m。脚手板用 50 mm 厚优质木板。龙骨间距为 0.5 m。吊篮内侧附于墙接触面,其余都用密目网围设。

③吊篮内侧两端应有可伸缩的护墙轮装置,使吊篮与建筑物在工作状态时能靠紧,以减少架体晃动。

④升降吊篮的手扳葫芦和安全锁必须使用有合格证和准用证的合格产品。受力绳在内,绳头在外,末端设有安全弯。为防止吊篮倾覆,应设置使吊篮和保险绳始终处于吊篮上方的装置。

2.10.2　吊篮搭设工具材料

1) 搭设工具

活动扳手、短锤、脚手架扳手、水平仪、折尺、钢尺。

2) 检测工具

靠尺、检测尺、卷尺、塞尺、水平仪或水平尺。

3) 脚手架材料

各规格钢管、对接扣件、旋转扣件、直角扣件、吊篮绳、安全绳、手扳葫芦。

①钢管、扣件应符合相关规范要求。

②安全绳(图 2.29)。

③吊篮绳(图 2.30)。

④手扳葫芦(图 2.31)。

图 2.29　安全绳　　　　图 2.30　吊篮绳　　　　图 2.31　手扳葫芦

2.10.3 吊篮搭设的作业条件

吊篮搭设的任务前期准备:

①踏勘现场,合理选择吊篮屋面支承系统的安放位置。

②根据踏勘现场情况,合理确定吊篮的搭设方案。

③选择吊篮的提升机构、安全锁和吊篮(吊架)。

④配备好扳手、钢丝钳等工具。

⑤对吊篮进行验收,验收合格方可使用,不合格不得使用。

2.10.4 吊篮搭设施工工艺

吊篮式脚手架的安装顺序为:确定挑梁的位置→固定挑梁→挂上吊篮绳及安全绳→组装吊篮架体→安装手扳葫芦→穿吊篮绳及安全绳→提升吊篮→固定保险绳。

2.10.5 吊篮搭设验收及评定

吊篮式脚手架搭设考核验收表见表2.16。

表2.16 吊篮式脚手架搭设考核验收表

实训项目			实训时间		实训地点			
姓　　名			班　　级		指导教师			
成　　绩								
序号	检验内容		要求及允许偏差		检验方法	验收记录	配分	得分
1	工作程序		正确的搭、拆程序		巡查		10	
2	准确性		支承系统选择		观察、检查		10	
3	工具选择		正确选择		观察、检查		10	
4	固定挑梁		固定稳定		观察、检查		10	
5	吊篮绳及安全绳		正确选择		观察、检查		10	
6	组装吊篮		正确组装		观察、检查		10	
7	安装手扳葫芦		正确安装		观察、检查		10	
8	安全施工		安全设施到位		巡查		5	
			没有危险动作		巡查		5	
9	文明施工		工具完好、场地整洁		巡查		5	
	施工进度		按时完成		巡查		5	
10	团队精神		分工协作		巡查		5	
	工作态度		人人参与		巡查		5	

2.10.6　吊篮搭设的安全知识

进行吊篮搭设时,控制其质量的主要环节有以下几个方面:

①吊篮搭设所用材料的规格和质量必须符合设计要求和安全规范要求。

②吊篮搭设的构造必须符合规范要求,同时注意绑扎扣和扣件螺栓的拧紧程度,挑梁、挑架、吊架、挂钩和吊索的质量等。

③吊篮搭设要求有牢固的、足够的连墙点,以确保整个脚手架的稳定。

④脚手板要铺满、铺稳,不能有空头板。

⑤缆风绳应按规定拉好、锚固牢靠。

第3章
建筑工程其他常用脚手架搭拆及实训介绍

3.1 落地碗扣式钢管脚手架

扣件式钢管脚手架应用虽然最为普遍,但在长期应用中也暴露出一些固有的缺陷,具体如下:

①脚手架节点强度受扣件抗滑能力的制约,限制了扣件式钢管脚手架的承载能力。

②立杆节点处偏心距大,降低了立杆的稳定性和轴向抗压能力。

③扣件螺栓全部是由人工操作,其拧紧力矩不易掌握,连接强度不易保证。

④扣件管理困难,现场丢失严重,增加了工程成本。

碗扣式钢管脚手架是一种多功能脚手架,目前广泛使用的 WDJ 型碗扣式钢管脚手架基本上解决了扣件式钢管脚手架的缺陷,其特点如下:

①独创了带齿的碗扣式接头,结构合理,解决了偏心距问题,力学性能明显优于扣件式和其他类型接头。

②装卸方便,安全可靠,劳动效率高,功能多。

③不易丢失零散扣件等。

实训任务

某教室东面墙长 4 m,要求搭设该面墙体一层楼高的碗扣式脚手架(某学校××教学楼已完成地面上 2 m 高的钢筋绑扎和模板安装)。

【学习目标】

知识目标

- 熟悉脚手架搭设的安全技术要求;
- 熟悉碗扣式钢管脚手架的基本组成与构造;
- 掌握碗扣式钢管脚手架的搭设工艺。

技能目标

- 能计算材料及工具的用量,编制材料需用量计划;
- 正确进行脚手架搭设材料、工具、场地的准备;
- 了解脚手架工程的质量通病,能分析其原因并提出相应的防治措施和解决办法。

职业素养目标

- 培养团队合作精神,养成严谨的工作作风;
- 做到安全文明施工。

3.1.1　碗扣式钢管脚手架的分类和构造

1)碗扣式钢管脚手架的分类

碗扣式双排钢管脚手架按施工作业要求与施工荷载的不同,可组合成轻型架、普通型架和重型架 3 种形式,它们的组框构造尺寸及适用范围列于表 3.1 中。

表 3.1　碗扣式双排钢管脚手架组合形式

脚手架形式	廊道宽×框宽×框高/m×m×m	适用范围
轻型架	1.2×2.4×2.4	装修、维护等作业
普通型架	1.2×1.8×1.8	结构施工最常用
重型架	1.2×1.2×1.8 或 1.2×0.9×1.8	重载作用、高层脚手架中的底部架

碗扣式单排钢管脚手架按作业顶层荷载要求,可组合成 Ⅰ 型架、Ⅱ 型架、Ⅲ 型架 3 种形式,它们的组框构造尺寸及适用范围见表 3.2。

表 3.2　碗扣式单排钢管脚手架组合形式

脚手架形式	框宽×框高/m×m	适用范围
Ⅰ 型架	1.8×0.8	一般外装修、维护等作业
Ⅱ 型架	1.2×1.2	一般施工
Ⅲ 型架	0.9×1.2	重载施工

2)碗扣式钢管脚手架的构造

碗扣式钢管脚手架由钢管立杆、横杆、碗扣接头等组成,如图 3.1 和图 3.2 所示。其基本构造和搭设要求与扣件式钢管脚手架类似,不同之处主要在于碗扣接头。

图 3.1　碗扣

图 3.2　碗扣式钢管脚手架

碗扣接头是由上碗扣、下碗扣、横杆接头和上碗扣的限位销等组成。在立杆上焊接下碗扣和上碗扣的限位销,将上碗扣套入立杆内。在横杆和斜杆上焊接插头。组装时,将横杆和斜杆插入下碗扣内,压紧和旋转上碗扣,利用限位销固定上碗扣。

碗扣式钢管脚手架立柱横距为 1.2 m,纵距根据脚手架荷载可设为 1.2,1.5,1.8,2.4 m,步距为 1.8 m 和 2.4 m。搭设时立杆的接长缝应错开,第一层立杆应用长 1.8 m 和 3.0 m 的立杆错开布置,往上均用 3.0 m 长杆,至顶层再用 1.8 m 和 3.0 m 两种长度找平。高 30 m 以下脚手架垂直偏差应控制在 1/200 以内,高 30 m 以上脚手架应控制在 1/600~1/400,总高垂直度偏差应不大于 100 mm。

碗扣式脚手架的杆配件按其用途可分为主构件、辅助构件和专用构件 3 类。

（1）主构件

主构件是用以构成脚手架主体的部件。其中的立杆和顶杆共有两种规格,在杆上均焊有间距 600 mm 的下碗扣。若将立杆和顶杆相互配合接长使用,就可构成任意高度的脚手架。立杆接长时,接头应错开,至顶层后再用两种长度的顶杆找平。

①立杆由一定长度的直径为 48 mm×3.5 mm 钢管每隔 0.6 m 安装碗扣接头,并在其顶端焊接立杆焊接管制成。用作脚手架的垂直承力常用立杆为 1.8 m 和 3.0 m。

②顶杆即顶部立杆,在顶端设有立杆的连接管,以便在顶端插入托撑,用作支撑架（柱）、物料提升架等顶端的垂直承力杆。

③横杆由一定长度的直径为 48 mm×3.5 mm 钢管两端焊接横杆接头制成,用于立杆横向连接管或框架水平承力杆。

④单横杆仅在直径为 48 mm×3.5 mm 钢管一端焊接横杆接头,用作单排脚手架横向水平杆。

⑤斜杆在直径为 48 mm×3.5 mm 钢管两点铆接斜杆接头制成,用于增强脚手架的稳定强度,提高脚手架的承载力。斜杆应尽量布置在框架节点上。

⑥底座由 150 mm×150 mm×8 mm 的钢板在中心焊接连接杆制成,安装在立杆的根部,用作防止立杆下沉,并将上部荷载分散传递给地基的构件。

（2）辅助构件

辅助构件是用于作业面及附壁拉结等的杆部件。

①间横杆是为满足普通钢或木脚手板的需要而专设的杆件,可搭设于主架横杆之间的任意部位,用以减小支撑间距和支撑挑头脚手板。

②架梯由钢踏步板焊在槽钢上制成,两端带有挂钩,可牢固地挂在横杆上,用于作业人

员上下脚手架的通道。

③连墙撑用于脚手架与墙体结构件的连接件,以加强脚手架抵抗风载及其他永久性水平荷载的能力,防止脚手架倒塌和增强稳定性的构件。

（3）专用构件

专用构件是用作专门用途的杆部件。

①悬挑架由挑杆和撑杆用碗扣接头固定在楼层内支承架上构成。用于其上搭设悬挑脚手架,可直接从楼内挑出,不需在墙体结构设埋件。

②提升滑轮用于提升小物料而设计的杆部件,由吊柱、吊架和滑轮等组成。吊柱可插入宽挑梁的垂直杆中固定,与宽挑梁配套使用。

（4）碗扣构件的连接设置

①上碗扣:沿立杆滑动起锁紧作用的碗扣节点零件。

②下碗扣:焊接于立杆上的碗形节点零件。

③立杆连接销:用于立杆竖向连接专用销。

④限位销:焊接在立杆上能锁紧上碗扣的定位销。

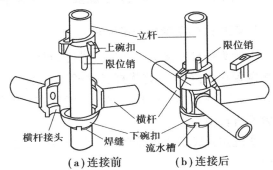

图 3.3　碗扣连接方式

碗扣连接方式如图 3.3 所示。

上碗扣、下碗扣的限位销按 60 cm 间距设置在钢管立杆之上,其中下碗扣和限位销则直接焊在立杆上。组装时,将上碗扣的缺口对准限位销后,把横杆接头插入下碗扣内,压紧和旋转上碗扣,利用限位销固定上碗扣。碗扣接头可同时连接 4 根横杆,可互相垂直或偏转一定角度。

碗扣式脚手架的原始设计虽然也有锁片式斜杆,但由于其独特的节点设计带来的局限,如果 4 个方向均安装了横杆,就没有位置再安装垂直斜杆,更没有位置安装水平斜杆了,与盘扣式脚手架相比,这恰恰形成了相反的性能特征。考虑系统的稳定性,安装斜杆是必需的。为了弥补整个弱项,该系统特意设计了另一类斜杆,在斜杆的两头,均用高强度螺栓,各固定半个旋转扣件,扣件也采用锻钢工艺。这样,尽管斜杆无法直接在碗扣的节点扣接,但可用扣件扣接在横杆或立杆的适当位置上,也大大改善了系统的稳定性。

（5）碗扣式脚手架的主要尺寸和一般规定

为了确保施工安全,对碗扣式脚手架的搭设尺寸作了一般规定和限制,见表 3.3。

表 3.3　碗扣式脚手架的主要尺寸和一般规定

序　号	项目名称	规定内容
1	架设高度	$H \leq 20$ m 普通架子按常规搭设 $H > 20$ m 的脚手架必须作出专项施工设计并进行结构验算
2	荷载限制	砌筑脚手架 ≤ 2.7 kN/m² 装修架子为 $1.2 \sim 2.0$ kN/m² 或按实际情况考虑

续表

序 号	项目名称	规定内容
3	基础做法	基础应平整、夯实,并设有排水措施。立杆应设有底座,并用 0.05 m×0.2 m×2 m 的木脚手板通垫,$H>40$ m 的架子应进行基础验算并确定铺垫措施
4	立杆纵距	一般为 1.2~1.5 m,超过此值应进行验证
5	立杆横距	≤1.2 m
6	连接件	凡 $H>30$ m 的高层架子,下部 1/2H 均用齿形碗扣

3.1.2 碗扣式脚手架的搭设要求、准备和工艺流程

1)碗扣式脚手架的搭设要求

①接头搭设。接头时立杆同横杆、斜杆的连接装置,应确保接头锁紧。搭设时,先将上碗扣搁置在限位销上,将横杆、斜杆等接头插入下碗扣,使接头弧面与立杆密贴,待全部接头插入后,将上碗扣套下,并用榔头顺时针方向沿切线敲击上碗扣凸头,直至上碗扣被限位销卡紧不再转动为止。

②碗扣式脚手架搭设高度应小于 20 m,当设计高度大于 20 m 时,应根据荷载计算进行搭设。

③碗扣式钢管脚手架立柱横距为 1.2 m,纵距根据脚手架荷载可为 1.2,1.5,1.8,2.4 m,步距为 1.8,2.4 m。搭设时立杆的接长缝应错开,第一层应用长 1.8 m 和 3.0 m 的立杆错开布置,往上均用 3.0 m 的长杆,至顶层再用 1.8 m 和 3.0 m 两种长度找平。

④连墙杆应设置在有廊道横杆的碗扣节点处,采用钢管扣件作连墙杆时,连墙杆应采用直角扣件与立杆连接,连接点距碗扣节点距离应不大于 150 mm。

⑤当连墙件竖向间距大于 4 m 时,连墙件内、外立杆之间必须设置廊道斜杆或十字撑。

⑥高 30 m 以下脚手架垂直度偏差应控制在 1/200 以内,高 30 m 以上脚手架应控制在 1/600~1/400,总高垂直度偏差应不大于 100 mm。

⑦脚手架搭设应按立杆、横杆、斜杆、连墙件的顺序逐层搭设,每次上升高度不大于3 m。底层水平框架的纵向直线度应不大于 $L/200$;横杆间水平度应不大于 $L/400$。

2)搭设前的施工准备

现场进行地面平整,为保证脚手架搭设后能安全、牢固、规整,平整后的地面必须要夯实。按照方向要求,放置 50 mm 厚的通长立杆垫板,要求垫板与地面间接触坚实,按立杆的间距要求放线确定立杆的位置,并用笔标出,将立杆底座放在标好的位置上,要求底座要放在垫板中间位置。

摆放扫地杆、竖立杆,在开始竖立杆之前,要先将横杆备好安放到位,并进行接长,然后再竖立杆。

3)搭设工艺流程

①架子搭设工艺流程:在牢固的地基弹线、立杆定位→摆放扫地杆→竖立杆并与扫地杆

扣紧→装扫地小横杆,并与立杆和扫地杆扣紧→装第一步大横杆并与各立杆扣紧→安第一步小横杆→安第二步大横杆→安第二步小横杆→加设临时斜撑杆,上端与第二步大横杆扣紧(装设与柱连接杆后拆除)→安第三、四步大横杆和小横杆→安装二层与柱拉杆→接立杆→加设剪刀撑→铺设脚手板,绑扎防护及挡脚板、立挂安全网。

②架体与建筑物的拉结(柔性拉结)采用 $\phi 6$ mm 钢筋、顶撑、钢管等组成的部件,其中钢筋承受拉力,压力由顶撑、钢管等传递。

③安全网。

a.挂设要求。安全网应挂设严密,用塑料篾绑扎牢固,不得漏眼绑扎,两网连接处应绑在统一杆件上。安全网要挂设在棚架内侧。

b.脚手架与施工层之间要按验收尺度设置封锁平网,防止杂物下跌。

④安全挡板。通道口及靠近建筑物的露天场地要搭设安全挡板,通道口挡板需向两侧各伸出 1 m,向外伸出 3 m。

3.1.3　碗扣式钢管脚手架的检查、验收与拆除

1)检查与验收

(1)进入现场的碗扣架构配件应具备的证明资料

①主要构配件应有产品标识及产品质量合格证。

②供应商应配套提供管材、零件、铸件、冲压件等材质及产品性能检验报告。

(2)构配件进场质量检查的重点

钢管管壁厚度,焊接质量,外观质量,可调底座和可调托撑丝杆直径、与螺母配合间隙及材质。

(3)脚手架搭设质量应按阶段进行检验

①首段以高度为 6 m 进行第一阶段(摺底阶段)的检查与验收。

②架体应随施工进度定期进行检查,达到设计高度后进行全面检查与验收。

③遇 6 级以上大风、大雨、大雪等特殊情况后进行检查。

④停工超过一个月恢复使用前进行检查。

(4)对整体脚手架应重点检查的内容

①保证架体几何不变性的斜杆、连墙件、十字撑等设置是否完善。

②基础是否有不均匀沉降,立杆底座与基础面的接触有无松动或悬空情况。

③立杆上碗扣是否可靠锁紧。

④立杆连接销是否安装,斜杆扣接点是否符合要求,扣件拧紧程度。

(5)搭设脚手架后的验收

搭设高度在 20 m 以下(含 20 m)的脚手架,应由项目负责人组织技术、安装及监理人员进行验收;对搭设高度超过 20 m 的脚手架,必须有设计方案。

(6)脚手架验收时应具备的技术文件

①施工组织设计及变更文件。

②高度超过 20 m 的脚手架的专项施工设计方案。

③周转使用的脚手架构配件使用前的复验合格记录。

④搭设的施工记录和质量检查记录。

（7）高度大于 8 m 的模板支撑架的检查与验收

高度大于 8 m 的模板支撑架的检查与验收要求同脚手架。

2）碗扣式钢管脚手架的拆除

（1）一般规定

由于拆除作业的危险性远远大于搭设作业，因此脚手架拆除前应由工程负责人进行书面安全技术交底，并制订详细的应急预案，落实操作、监管责任后方可拆除。

（2）脚手架拆除顺序

碗扣式钢管脚手架拆除顺序为：安全网→护身栏杆和挡脚板→脚手板→连墙件→剪刀撑的上部扣件和接杆→抛撑→横向水平杆→纵向水平杆→立杆→底座和垫板。

（3）拆除注意事项

①拆除脚手架时，必须划出安全区，设警戒标准，并设专人看管拆除现场。

②脚手架拆除应从顶层开始，先拆水平杆，后拆立杆，逐层往下拆，禁止上下层同时或阶梯形拆除。

③禁止在拆架前先拆连墙件。

④局部脚手架如需保留时，应有专项技术措施，经上一级技术负责人批准，安全部门及使用单位验收，办理签字手续后方可使用。

⑤拆除后的部件均应成捆，用吊具松下或人工搬下，禁止从高空往下抛掷。构配件应及时清理、维护，并分类堆放、保管。

3.1.4 碗扣式钢管脚手架搭设实训

某学校××教学楼已完成地面上 2 m 高的钢筋绑扎和模板安装，其中某教室东面墙长 4 m，现要求搭设该面墙体一层楼高的碗扣式外脚手架，如图 3.4 所示。

图 3.4　碗扣式外脚手架

1)理论知识准备

①碗扣式钢管脚手架的组成和构造。

②碗扣式脚手架的材料用量计算。

③脚手架的受力分析。

④脚手架搭设的安全技术要求。

2)实训重点

①脚手架搭设材料与工具的准备。

②脚手架搭设与拆除施工工艺。

3)实训难点

①脚手架搭设安全技术。

②搭拆程序及工艺要求。

③脚手架稳定性、坚固性的控制。

4)计算材料用量

①脚手架尺寸(表 3.4)。

表 3.4　脚手架尺寸

序　号	规　格	尺　寸
1	立杆纵向间距	
2	立杆横向间距	
3	纵向水平杆步距	
4	横向水平杆步距	

②材料用量(表 3.5)。

表 3.5　材料用量

序　号	规　格	长　度	数　量
1	立杆		
2	纵向水平杆		
3	横向水平杆		
4	上碗扣	—	
5	下碗扣	—	
6	限位销	—	

5)绘制脚手架施工图

在 A4 纸上绘制脚手架施工图。

6)实训施工准备

①清除搭设范围内的障碍物,平整场地,夯实基土,做好现场排水工作。

②根据实训场地范围及脚手架尺寸,确定脚手架搭设方案。

③确定立杆、纵向水平杆、横向水平杆等所采用的钢管。

④配备好扳手、钢丝钳、钢锯、榔头、锄头等工具。

⑤对钢管和脚手板等架料进行检查验收,不合格产品不得使用,经检验合格的构配件按品种、规格分类,堆放整齐。堆放场地不得有积水。

7)搭设步骤

在牢固的地基弹线、立杆定位→摆放扫地杆、直立杆并与扫地杆扣紧→装扫地小横杆,并与立杆和扫地杆扣紧→装第一步大横杆并与各立杆扣紧→安第一步小横杆→安第二步大横杆→安第二步小横杆→加设临时斜撑杆,上端与第二步大横杆扣紧(装设与柱连接杆后拆除)→安第三、四步大横杆和小横杆→安装二层与柱拉杆→接立杆→加设剪刀撑→铺设脚手板、绑扎防护及挡脚板、立挂安全网。

8)质量要求

①搭设脚手架的材料规格和质量必须符合要求,不能随便使用。

②架子要有足够的坚固性和稳定性,应防止脚手架摇晃、倾斜、沉陷或倒塌。

③脚手板要铺稳、铺满,不得有探头板。

④脚手架的架杆、配件设置连接是否齐全,质量是否合格,构造是否符合要求,连接和挂扣是否紧固、可靠。

⑤脚手架的垂直度与水平度的偏差是否符合要求。

9)脚手架拆除

拆除顺序与搭设顺序相反,即从钢管脚手架的顶端拆起,后搭的先拆,先搭的后拆。其具体拆除顺序为:安全网→护身栏→挡脚板→脚手板→横向水平杆→纵向水平杆→立杆→连墙杆→剪刀撑→斜撑→拆除抛撑和扫地杆。

碗扣式钢管脚手架搭设考核验收表见表3.6,其学生工作页见表3.7。

表3.6 碗扣式钢管脚手架搭设考核验收表

实训项目			实训时间		实训地点		
姓　　名			班　　级		指导教师		
成　　绩							
序号	检验内容		要求及允许偏差	检验方法	验收记录	配分	得分
1	工作程序		正确的搭、拆程序	巡查		10	
2	坚固性		脚手架无过大摇晃	观察、检查		10	
3	立杆垂直度		±7 mm	吊线和钢尺		10	
4	间距		步距:±20 mm 柱距:±50 mm 排距:±20 mm	用钢尺检查		10	
5	纵向水平杆高差		一根杆两端:±20 mm	用水平仪或水平尺检查		5	
			同跨内、内外纵向水平杆高差:±10 mm			5	

序号	检验内容	要求及允许偏差	检验方法	验收记录	配分	得分
6	扣件安装	主节点处各扣件中心点相互距离：Δ = 150 mm	用钢尺检查		10	
7	扣件螺栓拧紧扭力矩	40~65 N·m	扭力扳手		10	
8	安全施工	安全设施到位	巡查		5	
		没有危险动作	巡查		5	
9	文明施工	工具完好、场地整洁	巡查		5	
	施工进度	按时完成	巡查		5	
10	团队精神	分工协作	巡查		5	
	工作态度	人人参与	巡查		5	

表 3.7　碗扣式钢管脚手架搭设学生工作页

实训项目		实训时间		实训地点		
姓　　名		班　　级		指导教师		成　绩
知识要点			评分权重 30%		得分：	
①脚手架的作用						
②脚手架的分类						
③碗扣式钢管脚手架的配件						
操作要领			评分权重 50%		得分：	
①记录碗扣式钢管脚手架搭设的工具						
②记录碗扣式钢管脚手架搭设的材料						
③场地的准备工作要点						
④脚手架搭设的工艺顺序						
⑤脚手架拆除顺序						
操作心得			评分权重 20%		得分：	

3.2 落地门式钢管外脚手架

落地门式钢管外脚手架是建筑用脚手架中应用最广泛的脚手架。由于主架呈"门"字形,故称为门式或门型脚手架,也称为鹰架或龙门架。这种脚手架主要有主框、横框、交叉斜撑、脚手板、可调底座等组成。落地门式钢管外脚手架由美国首先研制成功,它具有拆装简单、承载性能好、使用安全可靠等特点,发展速度快。

实训任务

搭设一门式脚手架,建议采用 MF1217 搭设门式脚手架基本构架,构架长 5.4 m、宽 1.2 m、高 3.4 m。门架跨距为 1.6 m,步距为 1.7 m。

【学习目标】

知识目标

- 熟悉脚手架搭设的安全技术要求;
- 熟悉落地门式钢管外脚手架的基本组成与构造;

技能目标

- 学会落地门式钢管外脚手架的搭设和拆除。
- 正确进行脚手架搭设材料、工具、场地的准备;
- 了解脚手架工程的质量问题,能分析原因并提出相应的防治措施和解决办法。

职业素养目标

- 培养团队合作精神,养成严谨的工作作风;
- 做到安全施工、文明施工。

3.2.1 落地门式钢管外脚手架的组成、主要构配件和构造

1)落地门式钢管外脚手架的组成

落地门式钢管外脚手架是以门架、交叉支撑、连接棒、挂扣式脚手板或水平架、锁臂等组成基本结构(图 3.5),再设置水平加固杆、剪刀撑、扫地杆、封口杆、托座与底座,并采用连墙件与建筑物主体结构相连的一种标准化钢管脚手架。落地门式钢管外脚手架不仅可作为外脚手架,也可作为内脚手架或满堂脚手架。

2)落地门式钢管外脚手架的主要构配件

(1)门架

门架是落地门式脚手架的主要构件,由立杆、横杆及加强杆焊接组成(图 3.6)。门架有各种形式,图 3.7 中带"耳"形加强杆的形式[图 3.7(c)]已得到广泛应用,成为门架典型的形式。

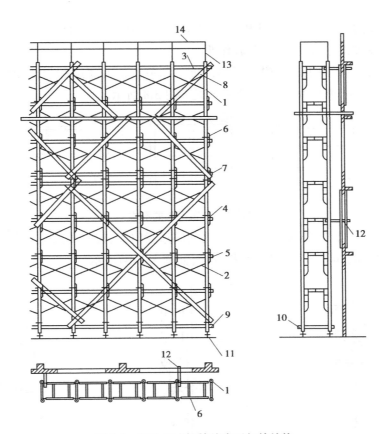

图 3.5 落地门式钢管外脚手架的结构

1—门架;2—交叉支撑;3—脚手板;4—连接棒;5—锁臂;6—水平架;7—水平架固杆;
8—剪刀撑;9—扫地杆;10—封口杆;11—底座;12—连墙件;13—栏杆;14—扶手

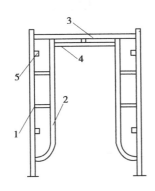

图 3.6 门架

1—立杆;2—立杆加强杆;3—横杆;
4—横杆加强杆;5—锁销

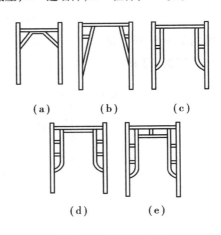

(a) (b) (c)

(d) (e)

图 3.7 门架的形式

门架的宽度为 1.2 m,高度有 1.9,1.7,1.5 m 3 种。窄形门架的宽度只有 0.6 m 或 0.8 m,高度为 1.7 m,主要用于装修、抹灰等轻作业。

①调节门架:主要用于调节门架竖向高度。调节门架的宽度和门架相同,高度有 1.5,1.2,0.9,0.6 和 0.4 m 等几种,它们的主要形式如图 3.8 所示。

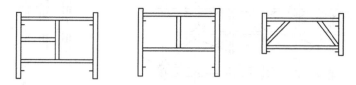

图 3.8　调节门架的形式

②连接门架:连接上、下宽度不同门架之间的过渡门架,其上部宽度与窄形门架相同,下部与标准门架相同,如图 3.9(a)所示;相反时,如图 3.9(b)所示。

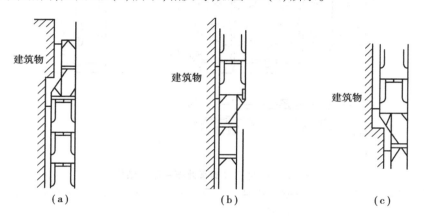

(a)　　　　　　　　　(b)　　　　　　　　　(c)

图 3.9　门架的过渡

连接门架上窄下宽或上宽下窄,并带有斜支杆的悬臂支撑部分,如图 3.10 所示。

③扶梯门架:可兼作施工人员上下的扶梯,如图 3.11 所示。

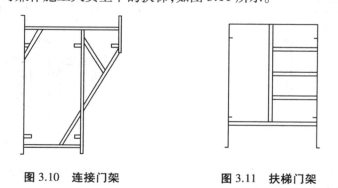

图 3.10　连接门架　　　　　　　图 3.11　扶梯门架

(2)配件

门式钢管脚手架的其他构件包括连接棒、锁臂、交叉支撑、水平架、挂扣式脚手板、底座与托座。

①连接棒:用于门架立杆竖向组装的连接件。

②锁臂:门架立杆组装接头处的拉接件。

③交叉支撑:连接每两个门架的交叉拉杆,其构造如图 3.12 所示,两根交叉杆件可绕中间连接螺栓转动,杆的两端有销孔。

④水平架:在脚手架非作业层上代替脚手板而挂扣在门架横杆上的水平框架,其构造如图 3.13 所示,由横杆、短杆和搭钩焊接而成,架端有卡扣,可与门架横杆自锚连接。

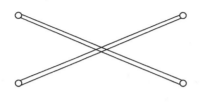

图 3.12　交叉支撑

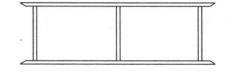

图 3.13　水平架

⑤挂扣式钢脚手板:挂扣在门架横杆上的专用脚手板,其构造如图 3.14 所示。

⑥可调底座:门架下端插放其中,传力给基础,并可调整高度的构件。

⑦固定底座:门架下端插放其中,传力给基础,不能调整高度的构件。固定底座由底板和套管两部分焊接而成(图 3.15),底部门架立杆下端插放其中,扩大了立杆的托脚。

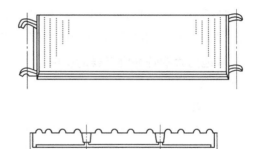

图 3.14　挂扣式钢脚手板

⑧可调托座:插放在门架立杆上端,承接上部荷载,并可调整高度的构件。可调托座由螺杆、调节扳手和底板组成(图 3.16),其作用是固定底座,并且可以调节脚手架立杆的高度和脚手架整体的水平度、垂直度。

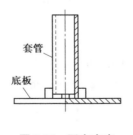

图 3.15　固定底座

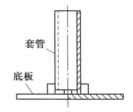

图 3.16　可调托座

⑨固定托座:插放在门架立杆上端,承接上部荷载,不能调整高度的构件。

⑩加固件:用于增强脚手架刚度而设置的杆件,包括剪刀、水平加固件、封口杆与扫地杆。

(3)剪刀撑

剪刀撑位于脚手架外侧,与墙面平行的交叉杆件。

（4）水平加固件

水平加固件是与墙面平行的纵向水平杆件。

（5）封口杆

封口杆是连接底部门架立杆下端的横向水平杆件。

（6）扫地杆

扫地杆是连接底部门架立杆下端的纵向水平杆件。

（7）连墙件

连墙件是将脚手架连接在建筑物主体结构的构件。

（8）尺寸规定

①步距：脚手架竖向，门架两横杆间的距离，其值为门架高度与连接棒套环高度之和。

②门架跨距：相邻两门架立杆的门架平面外的轴线距离。

③门架间距：相邻两门架立杆的门架平面内的轴线距离。

④脚手架高度：相邻两门架立杆到脚手架顶层门架立杆上端的距离。

⑤脚手架长度：沿脚手架纵向的两端门架立杆外皮之间的距离。

3）落地门式钢管外脚手架的构造

（1）门架

①门架跨距应符合现行行业标准《建筑施工门式钢管脚手架安全技术规范》（JGJ 128—2010）的规定，并与交叉支撑规格配合。

②门架立杆离墙面净距不宜大于 150 mm；大于 150 mm 时应采取内挑架板或其他防护安全措施。

（2）配件

①门架的内外两侧均应设置交叉支撑并应与门架立杆上的锁销锁牢。

②上、下榀门架的组装必须设置连接棒及锁臂，连接棒直径应小于立杆内径 2 mm。

③在脚手架的操作层上应连续满铺与门架配套的挂扣式脚手板，并扣紧挡板，防止脚手板脱落和松动。

④水平架设置应符合以下规定：

a.在脚手架的顶层门架上部、连墙件设置层、防护棚设置处必须设置水平架。

b.当脚手架搭设高度 $H>45$ m 时，沿脚手架高度，水平架应至少两步一设；当脚手架搭设高度 $H>45$ m 时，水平架应每步一设；不论脚手架多高，均应在脚手架的转角处、端部及间断处的一个跨距范围内，水平架应每步一设。

c.水平架在其设置层面内应连续设置。

d.当因施工需要，临时局部拆除脚手架内侧交叉支撑时，应在拆除交叉支撑的门架上方及下方设置水平架。

e.水平架可由挂扣式脚手板或门架两侧设置的水平加固杆代替。

（3）加固件

①剪刀撑设置应符合以下规定：

a.脚手架高度超过 20 m 时,应在脚手架外侧连续设置剪刀撑。

b.剪刀撑斜杆与地面的倾角宜为 45°~60°,剪刀撑宽度宜为 4~8 m。

c.剪刀撑应采用扣件与门架立杆扣紧。

d.剪刀撑斜杆若采用搭接接长,搭接长度不宜小于 600 mm,搭接处应采用两个扣件扣紧。

②水平加固杆设置应符合以下规定:

a.当脚手架高度超过 20 m 时,应在脚手架外侧每隔 4 步设置一道,水平加固杆并宜在有连墙件的水平层设置。

b.设置纵向水平加固杆应连续。并形成水平闭合圈。

c.在脚手架的底步门架下端应加封口杆,门架的内、外两侧应设通长扫地杆。

d.水平加固杆应采用扣件与门架立杆扣牢。

（4）转角处门架连接

①在建筑物转角处的脚手架内、外两侧应按步设置水平连接杆,将转角处的两门架连成一体（图 3.17）。

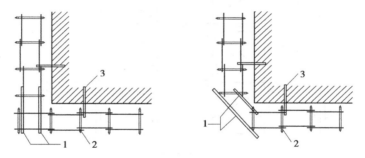

图 3.17　转角处门架连接
1—连接钢筒;2—门架;3—连墙件

②水平连接杆应采用钢管,其规格应与水平加固杆相同。

③水平连接杆应采用扣件与门架立杆及水平加固杆扣紧。

（5）连墙件

①脚手架必须采用连墙件与建筑物做到可靠连接。连墙件的设置除应满足荷载计算要求外,尚应满足表 3.8 的要求。

表 3.8　连墙件间距

脚手架搭设高度/m	基本风压 w_0/(kN·m^{-2})	连墙件的间距/m	
		竖向	水平向
≤45	≤0.55	≤6.0	≤8.0
	大于 0.55	≤4.0	≤6.0
>45	—		

②在脚手架的转角处、不闭合(一字形、槽形)脚手架的两端应增设连墙件,其竖向间距不应大于 4.0 m。

③在脚手架外侧因设置防护棚或安全网而承受偏心荷载的应增设连墙件,其水平间距不应大于 4.0 m。

④连墙件应能承受拉力与压力,其承载力标准值不应小于连墙件与门架、建筑物的连接也应具有相应的连接强度。

(6)通道洞口

①通道洞口的高不宜大于两个门架,宽不宜大于一个门架跨距。

②通道洞口应按以下要求采取加固措施:当洞口宽度为一个跨距时,应在脚手架洞口上方的内、外侧设置水平加固杆,在洞口两个上角加斜撑杆(图 3.18);当洞口宽为两个及两个以上跨距时,应在洞口上方设置经专门设计和制作的托架,并加强洞口两侧的门架立杆。

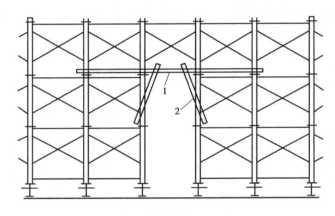

图 3.18 通道洞口加固示意图

1—水平加固杆;2—斜撑杆

(7)斜梯

①作业人员上、下脚手架的斜梯应采用挂扣式钢梯,并宜采用之字形设置,即一个梯段宜跨越两步或三步。

②钢梯规格应与门架规格配套,并应与门架挂扣牢固。

③钢梯应设栏杆扶手。

3.2.2 落地门式钢管外脚手架的搭设、验收和拆除

1)落地门式钢管外脚手架的搭设

落地门式钢管外脚手架的搭设应自一端延伸向另一端,自上而下按步架设,并逐层改变搭设方向,以减少架设误差(图 3.19)。

脚手架不得自两端同时向中间搭设[图 3.20(a)]或自一端和中间处同时沿相同方向搭设[图 3.20(b)],以避免结合部位错位,难以连接。也不得自一端上下两步同时向一个方向搭设[图 3.20(c)]。

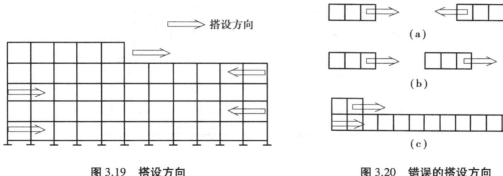

图 3.19 搭设方向   图 3.20 错误的搭设方向

脚手架的搭设速度应与施工进度相配合,一次搭设高度不应超过最上层连墙杆三步,或自由高度不大于 6 m,以保证脚手架的稳定。

落地门式钢管脚手架的搭设顺序为:

①铺设垫木(板)→安放底座→自一端起立门架并随即安装交叉支撑(底步架还需安装扫地杆、封口杆)→安装水平架(或脚手板)。

②安装钢梯→安装水平加固杆→设置连墙杆。

③按照上述①、②步骤逐层向上安装。

④按规定位置安装剪刀撑→安装顶部栏杆→挂立杆安全网。

(1)铺设垫木(板)、安放底座

脚手架的基底必须严格夯实、抄平,地基有足够的承载能力。搭设脚手架的基础根据土质和搭设高度,可按表 3.9 的要求进行处理。

表 3.9 落地门式钢管脚手架地基基础要求

搭设高度 /m	地基土质		
	中、低压缩性且压缩性均匀	回填土	高压缩性或压缩性不均匀
≤25	夯实原土,干重力密度要求 15.5 kN/m³。立杆底座置于面积不小于 0.075 m 的混凝土垫块或垫木上	土夹石或灰土回填夯实,立杆底座置于面积不小于 0.10 m² 混凝土垫块或垫木上	夯实原土,铺设宽度不小于 200 mm 的通长槽钢或垫木
26～35	混凝土垫块或垫木面积不小于 0.1 m²,其余同上	砂夹石回填夯实,其余同上	夯实原土,铺厚不小于 200 mm砂垫层,其余同上
36～60	混凝土垫块或垫木面积不小于 0.15 m² 的铺通长槽钢或垫木,其余同上	砂夹石回填夯实,混凝土垫块或垫木面积不小于 0.15 m² 的铺通长槽钢或木板	夯实原土,铺 150 mm 厚道渣夯实,再铺通长槽钢或垫木,其余同上

门架立杆下垫木的铺设方式:

当垫木长度为 1.6～2.0 m 时,垫木宜垂直于墙面方向横铺[图 3.21(a)]。

当垫木长度为 4.0 m 时,垫木宜平行于墙面方向顺铺[图 3.21(b)]。

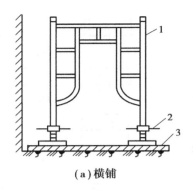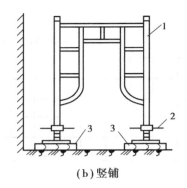

（a）横铺　　　　　　　　（b）竖铺

图 3.21　垫木铺设

1—门架立柱；2—可调底座；3—垫木

（2）立门架、安装交叉支撑、安装水平架或脚手板

在脚手架的一端将第一榀门架和第二榀门架立在底座以后，纵向立即用交叉支撑连接两榀门架的立杆，在门架的内、外两侧均应安装交叉支撑且在顶部水平面上安装水平架或挂扣式脚手板，搭成门式钢管脚手架的基本结构，如图 3.22 所示。以后每安装一榀门架，应及时安装交叉支撑、水平架或脚手板，依次按此步骤沿纵向逐跨安装搭设。

图 3.22　搭成门式钢管脚手架的基本结构

（3）搭设门架及配件的规定

①交叉支撑、水平架、脚手板、连接棒和锁臂的设置应符合规范。

②不配套的门架与配件不得混合使用于同一脚手架。

③门架安装应自一端向另一端延伸，并逐层改变搭设方向，不得相对进行。搭完一步架后，应按要求检查并调整其水平度与垂直度。

④交叉支撑、水平架或脚手板应紧随门架的安装及时设置。

⑤连接门架与配件的锁臂、搭钩必须处于锁住状态。

⑥水平架或脚手板应在同一步内连续设置，脚手板应满铺。

⑦底层钢梯的底部应加设钢管并用扣件扣紧在门架的立杆上，钢梯的两侧均应设置扶手，每段梯可跨越两步或三步门架再行转折。

（4）栏板（杆）、挡脚板应设置在脚手架操作层外侧、门架立杆的内侧

（5）加固杆、剪刀撑等加固件搭设的规定

①加固杆、剪刀撑必须与脚手架同步搭设。

②水平加固杆应设于门架立杆内侧，剪刀撑应设于门架立杆外侧并连牢。

（6）连墙件搭设的规定

①连墙件的搭设必须随脚手架搭设同步进行，严禁滞后设置或搭设完毕后补做。

②当脚手架操作层高出相邻连墙件以上两步时，应采用确保脚手架稳定的临时拉结措施，直到连墙件搭设完毕后方可拆除。

③连墙件宜垂直于墙面,不得向上倾斜,连墙件埋入墙身的部分必须锚固可靠。

④连墙件应连于上、下两榀门架的接头附近。

(7)加固件、连墙件等与门架采用扣件连接时的规定

①扣件规格应与所连钢管外径相匹配。

②扣件螺栓拧紧扭力矩宜为 $50\sim60$ N·m,并不得小于 40 N·m。

③各杆件端头伸出扣件盖板边缘长度不应小于 100 mm。

(8)脚手架搭建的要求

脚手架应沿建筑物周围连续、同步搭设升高,在建筑物周围形成封闭结构;如不能封闭时,在脚手架两端应增设连墙件。

2)落地门式钢管外脚手架的验收

①脚手架搭设完毕或分段搭设完毕,应对脚手架工程的质量进行检查,经检查合格后方可交付使用。

②高度在 20 m 及 20 m 以下的脚手架,应由单位工程负责人组织技术安全人员进行检查验收;高度大于 20 m 的脚手架,应由上一级技术负责人随工程分阶段组织单位工程负责人及有关的技术安全人员进行检查验收。

③验收时应具备下列文件:

a.根据《建筑施工门式钢管脚手架安全技术规范》(JGJ 128—2010)要求所形成的施工组织设计文件。

b.脚手架构配件的出厂合格证或质量分类合格标志。

c.脚手架工程的施工记录及质量检查记录。

d.脚手架搭设过程中出现的重要问题及处理记录。

e.脚手架工程的施工验收报告。

④脚手架工程的验收,除查验有关文件外,还应进行现场检查,检查应注重以下各项,并记入施工验收报告。

a.构配件和加固件是否齐全,质量是否合格,连接和挂扣是否紧固可靠。

b.安全网的张挂及扶手的设置是否齐全。

c.基础是否平整坚实,支垫是否符合规定。

d.连墙杆的数量、位置和设置是否符合要求。

e.垂直度及水平度是否合格。

3)落地门式钢管外脚手架的拆除

①拆除脚手架前的准备工作。全面检查脚手架,重点检查扣件连接固定、支撑体系等是否符合安全要求;根据检查结果及现场情况编制拆除方案并经有关部门批准;进行技术交底;根据拆除现场的情况,设围栏或警戒标志,并有专人看守;清除脚手架中留存的材料、电线等杂物。

②拆除架子的工作地区,严禁非操作人员进入。

③拆架前,应有现场施工负责人批准手续,拆架子时必须有专人指挥,做到上下呼应、动作协调。

④拆除顺序应是后搭设的部件先拆,先搭设的部件后拆,严禁采用推倒或拉倒的拆除做法。

⑤固定件应随脚手架逐层拆除,当拆除至最后一节立管时,应先搭设临时支撑加固后方可拆固定件与支撑件。

⑥拆除的脚手架部件应及时运至地面,严禁从空中抛掷。

⑦运至地面的脚手架部件,应及时清理、保养。根据需要涂刷防锈油漆,并按品种、规格入库堆放。

3.2.3　门式脚手架实训

实训任务

搭设一门式脚手架,建议采用 MF1217 搭设门式脚手架基本构架,构架长 5.4 m、宽 1.2 m、高 3.4 m,门架跨距为 1.6 m、步距为 1.7 m。

1)理论知识准备

①门式脚手架的组成与构造。

②门式脚手架的材料用量计算。

③门式脚手架的受力分析。

④脚手架搭设的安全技术要求。

2)实训重点

①脚手架搭设材料与工具的准备与验收。

②脚手架搭设与拆除的施工工艺。

3)实训难点

①脚手架搭设安全技术。

②脚手架搭拆程序及工艺要求。

③脚手架稳定性、坚固性的控制。

4)计算材料用量

脚手架尺寸见表 3.10。

表 3.10　脚手架尺寸

序　号	规　格	数　量
1	门架	
2	交叉支撑	
3	水平架	
4	脚手板	
5	底座	
6	木垫板	

5)实训施工准备

①清除搭设范围内的障碍物,平整场地,夯实基土,做好现场排水工作。

②根据实训场地范围及脚手架尺寸,确定脚手架搭设方案。

③配备好扳手、钢丝钳、钢锯、榔头、铁锹、锄头等工具。

④对门架及其配件进行检查、验收,不合格产品不得使用,经检验合格的构配件按品种、规格分类,堆放整齐。堆放场地不得有积水。

6)搭设步骤

铺设垫木→拉线安放底座→从一端开始立门架→随即安装交叉支撑(底步门架安装扫地杆和封口杆)→安装水平架(或铺设脚手板)→安装梯子→安装水平加固杆→按上述顺序向上安装第二步架→安装顶部栏杆→立挂安全网。

7)质量要求

①搭设脚手架的材料规格和质量必须符合要求,决不能随便使用。

②架子要有足够的坚固性和稳定性,应防止脚手架摇晃、倾斜、沉陷或倒塌。

③脚手架的质量检查、验收项目如下:

a.脚手架的门架、配件设置和连接是否齐全,质量是否合格,构件是否符合要求,连接和挂扣是否可靠。

b.地基是否积水,底座是否松动、悬空。

c.扣件螺栓是否松动。

d.安全防护措施(安全网张挂及栏杆扶手设置)是否符合要求。

e.脚手架的垂直度与水平度的偏差是否符合要求。

8)脚手架拆除

拆除顺序与搭设顺序相反,即从钢管脚手架的顶端拆起,后搭的先拆,先搭的后拆。其具体拆除顺序为:安全网→护身栏→挡脚板→脚手板→拆水平加固杆→拆交叉支撑→拆门架。

门式脚手架搭设考核验收表见表3.11,学生工作页见表3.12。

表 3.11 门式脚手架搭设考核验收表

实训项目			实训时间		实训地点	
姓　　名			班　　级		指导教师	
成　　绩						
序号	检验内容	要求及允许偏差	检验方法	验收记录	配分	得分
1	工作程序	正确的搭、拆程序	巡查		10	
2	坚固性	脚手架无过大摇晃	观察、检查		10	
3	每步架垂直度	±2 mm	吊线和钢尺		10	
4	脚手架整体垂直度	±50 mm	吊线和钢尺		10	

续表

序号	检验内容	要求及允许偏差	检验方法	验收记录	配分	得分
5	脚手架跨距内水平度	两端高差：±50 mm	用水平仪或水平尺检查		10	
6	脚手架整体水平度	高差：±50 mm	用水平仪或水平尺检查		10	
7	构配件和加固件安设	是否齐全、连接和挂扣是否紧固可靠	观察、检查		10	
8	安全施工	安全设施到位	巡查		5	
		没有危险动作	巡查		5	
9	文明施工	工具完好、场地整洁	巡查		5	
	施工进度	按时完成	巡查		5	
10	团队精神	分工协作	巡查		5	
	工作态度	人人参与	巡查		5	

表 3.12　门式脚手架搭设学生工作页

实训项目		实训时间		实训地点		
姓　　名		班　级		指导教师		成　绩
知识要点			评分权重 30%		得分：	
①门式脚手架的结构组成						
②门式脚手架的受力分析						
③门式脚手架的作用和布置						
操作要领			评分权重 50%		得分：	
①记录门式脚手架搭设的工具						
②记录门式脚手架搭设的材料						
③门式脚手架的平整度调整						
④门式脚手架搭设的工艺顺序						
⑤门式脚手架的拆除顺序						
操作心得			评分权重 20%		得分：	

3.3　附着式升降脚手架

附着式升降脚手架是指搭设一定高度并附着于工程结构上,依靠自身的升降设备和装置。可随工程结构爬升或下降,具有防倾覆、防坠落装置的外脚手架。由于它具有沿工程结构爬升(下降)的状态属性,因此,也可简称为"爬架"。

实训任务

北京××世纪大酒店,设计单位为中国建筑科学研究院,中建一局二公司承建施工,地上25 层,首层 5.5 m,二层 5 m,三层 5.04 m,设备层 2.15 m,五层以上为标准层,标准层高3.3 m。

本工程外围护脚手架拟采用附着式升降脚手架,组装时第 1~9 榀、第 25~38 榀主框架从首层楼板标高上 2 m 位置开始组装,第 10~24 榀主框架从 4 层楼板标高上 0.5 m 位置开始组装。第 9 榀和第 25 榀位置架体组装时从 G 轴外侧 1.7 m 位置处开始排 B 片,并且保证搭设的附着升降脚手架架体与相邻双排落地架架体至少有 250 mm 的净空距离,防止架体提升时与双排落地架刮蹭。

试编制该工程附着式升降脚手架专项方案。

【学习目标】

知识目标

- 认识附着式升降脚手架的基本安全技术要求;
- 熟悉附着式升降脚手架的分类和构造;
- 了解附着式升降脚手架的验收项目及标准。

技能目标

- 学会附着式升降脚手架的搭设和拆除。

职业素养目标

- 培养团队合作精神,养成严谨的工作作风;
- 做到安全施工、文明施工。

3.3.1　附着式升降脚手架的分类与构造

1)附着式升降脚手架的分类

附着式升降脚手架根据不同的分类方法可分为很多种类。

(1)按附着支承方式分类

附着支承是将脚手架附着于工程边侧结构(墙体、框架)之侧,并支撑和传递脚手架荷载的附着构造,按附着支承方式可分为 7 种,见表 3.13。

表 3.13　按附着支承方式分类

序号	类别	图示	说明
1	套框(管)式附着升降脚手架	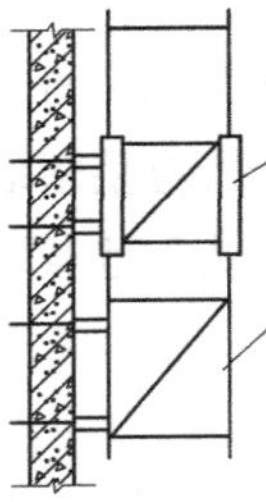 滑动框 固定框	套框(管)式附着升降脚手架是由交替附着于墙体结构的固定框架和滑动框架(可沿固定框架滑动)构成的附着升降脚手架
2	导轨式附着升降脚手架	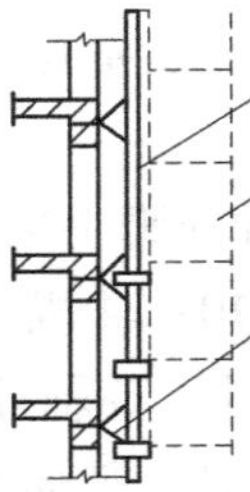 导轨 架体 支座	导轨式附着升降脚手架是通过架体沿附着于墙体结构的导轨升降脚手架
3	导座式附着升降脚手架	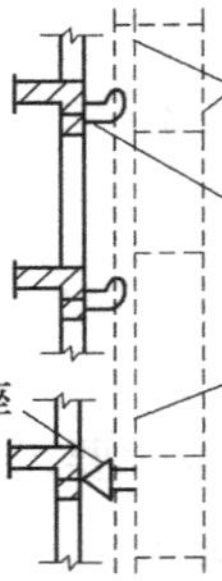 导轨架体 导座 导座 架体上导轨	导座式附着升降脚手架是通过带导轨架体,沿附着于墙体结构的导座升降的脚手架
4	挑轨式附着升降脚手架	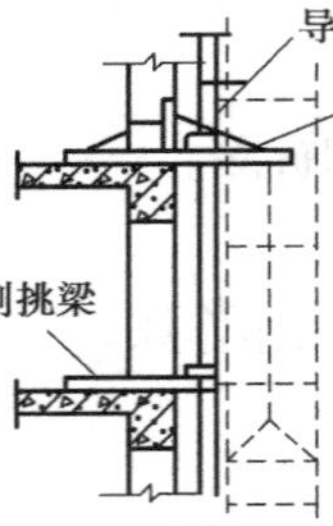 导轨 上挑梁 副挑梁	挑轨式附着升降脚手架是通过架体悬吊于带防倾导轨的挑梁带(固定于工程结构的)下,并沿导轨升降的脚手架
5	套轨式附着升降脚手架	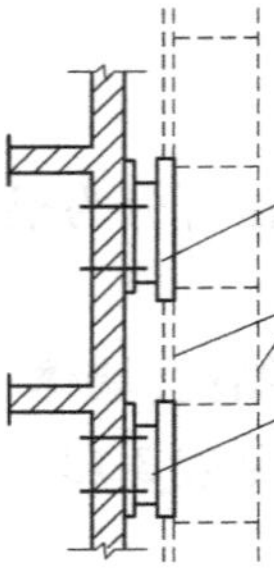 套轨支座 导轨架体 固定支座	套轨式附着升降脚手架是通过架体与固定支座相连并沿套轨支座升降、固定支座与套轨支座交替与工程结构附着的升降脚手架

续表

序号	类　别	图　示	说　明
6	吊套式附着升降脚手架	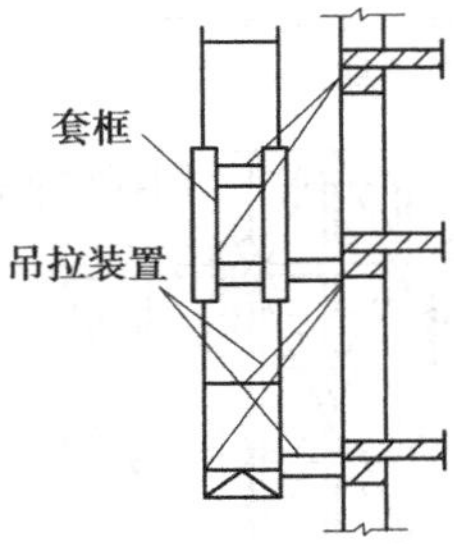 套框　吊拉装置	吊套式附着升降脚手架是采用吊拉式附着支承、架体可沿套框升降的附着升降脚手架
7	吊轨式附着升降脚手架	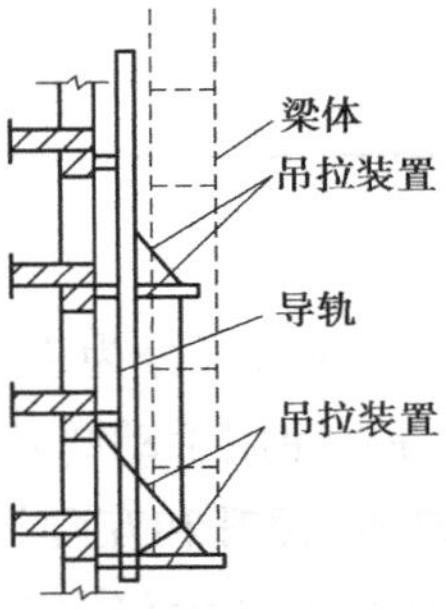 梁体　吊拉装置　导轨　吊拉装置	吊轨式附着升降脚手架是采用导轨的吊拉式附着支承、架体沿导轨升降的脚手架

（2）按升降方式分类

附着升降脚手架都是由固定或悬挂、吊挂于附着支撑上的各节（跨）3~7层（步）架体所构成,按各节架体的升降方式可分为 3 种,见表 3.14。

表 3.14　按升降方式分类

序号	类　别	说　明
1	单跨(片)升降附着升降脚手架	单跨(片)升降附着升降脚手架,即每次单独升降一节(跨)架体的附着升降脚手架
2	整体升降的附着升降脚手架	整体升降的附着升降脚手架,即每次升降 2 节(跨)甚至四周全部架体的附着升降脚手架 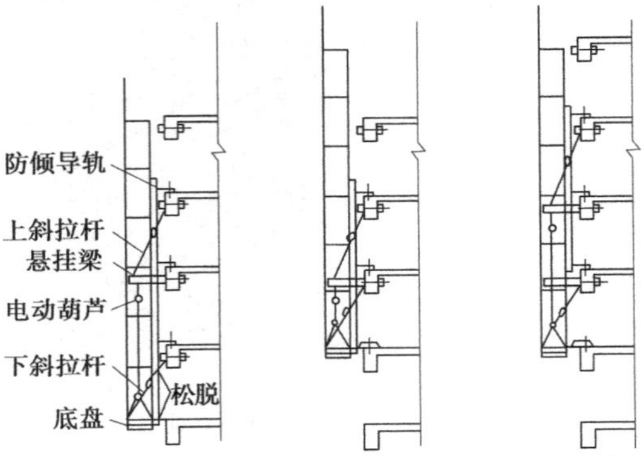 防倾导轨　上斜拉杆　悬挂梁　电动葫芦　下斜拉杆　底盘　松脱 (a)提升前　　(b)提升后　　(c)固定状态

续表

序号	类别	说明
3	互爬式附着升降脚手架	互爬式附着升降脚手架是以相邻架体互为支托并交替提升(或落下)的附着升降脚手架

(3)按提升设备分类

附着式升降脚手架按提升设备的不同,可分为手动(葫芦)提升、电动(葫芦)提升、卷扬提升和液压提升4种。其提升设备分别使用手动葫芦、电动葫芦、小型卷扬机和液压升降设备。手动葫芦只用于分段(1~2跨架体)提升和互爬提升;电动葫芦可用于分段提升和整体提升;卷扬提升方式用得较少,而液压提升技术仍在不断完善之中。

2)附着式升降脚手架的构造

附着式升降脚手架的构造复杂,以导轨式附着脚手架为例。导轨式爬架构造如图3.23所示,由支架、爬升机构和安全装置3部分组成。

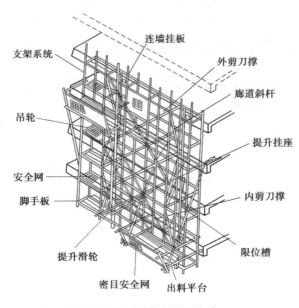

图3.23 导轨式爬架构造

①支架(架体结构)包括支架、导轨、连墙支杆座、连墙支杆、连墙挂板。

②爬升机构包括提升挂座、提升葫芦、提升钢丝绳、提升滑轮组。

③安全装置包括防坠落装置、导轮组、安全网、限位锁。

3.3.2　附着式升降脚手架的搭设、拆除与验收

1)附着式升降脚手架的搭设

(1)脚手架搭设

附着式升降脚手架搭设前应做好以下准备工作:

①按设计要求备齐设备、构件、材料,在现场分类堆放,所需材料必须符合质量标准。

②组织操作人员学习有关技术、安全规程,熟悉设计图样和各种设备的性能,掌握技术要领和工作原理,对施工人员进行技术交底和安全交底。

③电动葫芦必须逐台检验,按机位编号,电控柜和电动葫芦应按要求全部接通电源进行系统检查。

附着式升降脚手架安装应符合以下要求:

①附着式升降脚手架应按专项施工方案进行安装,可采用单片式主框架的架体,也可采用空间桁架式主框架的架体。

②附着式升降脚手架在首层安装前应设置安装平台,应有保障施工人员安全的防护设施,安装平台的水平精度和承载能力应满足架体安装的要求。安装时应符合下列规定:

a.相邻竖向主框架的高差不应大于 20 mm。

b.竖向主框架和防倾导向装置的垂直偏差不应大于 5‰,且不得大于 60 mm。

c.预留穿墙螺栓孔和预埋件应垂直于建筑结构外表面,其中心误差应小于 15 mm。

d.连接处所需要的建筑结构混凝土强度应由计算确定,且不得小于 C10。

e.升降机构连接应正确且牢固可靠。

f.安全控制系统的设置和试运行效果应符合设计要求。

g.升降动力设备工作正常。

③附着支承结构的安装应符合设计规定,不得少装和使用不合格螺栓及连接件。

④安全保险装置应全部合格,安全防护设施应齐备,且应符合设计要求,并应设置必要的消防设施。

⑤电源、电缆及控制柜等的设置应符合《施工现场临时用电安全技术规范》(JGJ 46—2012)的有关规定。

⑥采用扣件式脚手架搭设的架体构架,其构造应符合《建筑施工扣件式钢管脚手架安全技术规范》(JGJ 130—2011)的要求。

⑦升降设备、同步控制系统及防坠落装置等专项设备,均应采用同一厂家的产品。

⑧升降设备、控制系统、防坠落装置等应采取防雨、防砸、防尘等措施。

附着升降脚手架的搭设顺序为:安装承重底盘→搭设水平承力框架、竖向框架、横向水平杆→安装承重桁架的纵向水平杆→搁栅与扶手→张拉安全网→搭设剪刀撑→安装滑轮→

安装防倾覆导轨和导向框架→搭设出料平台及电梯位置脚手架开口处→脚手架体检查。

（2）脚手架升降

①附着式升降脚手架可采用手动、电动和液压3种升降形式，并应符合下列规定：

a.单跨架体升降时，可采用手动、电动和液压3种升降形式。

b.当两跨以上的架体同时整体升降时，应采用电动或液压设备。

②附着式升降脚手架每次升降前应按规定进行检查。经检查合格后，方可进行升降。

③附着式升降脚手架的升降操作应符合《建筑施工工具式脚手架安全技术规范》（JGJ 202—2010）中相关的规定。

④升降过程中应实行统一指挥、统一指令。升降指令应由总指挥一人下达；当有异常情况出现时，任何人均可立即发出停止指令。

⑤当采用环链葫芦作升降动力时，应严密监视其运行情况，及时排除翻链、铰链和其他影响正常运行的故障。

⑥当采用液压设备作升降动力时，应排除液压系统的泄漏、失压、颤动、油缸爬行和不同步等问题和故障，确保正常工作。

⑦架体升降到位后，应及时按使用状况要求进行附着固定；在没有完成架体固定工作前，施工人员不得擅自离岗或下班。

⑧附着式升降脚手架架体升降到位固定后，应按《建筑施工工具式脚手架安全技术规范》（JGJ 202—2010）中相关的规定进行检查，合格后方可使用；遇5级及5级以上大风和大雨、大雪、浓雾和雷雨等恶劣天气时，不得进行升降作业。

附着式升降脚手架的升降操作注意事项如下：

①应按升降作业程序和操作规程进行作业。

②操作人员不得停留在架体上。

③升降过程中不得有施工荷载。

④所有妨碍升降的障碍物应已拆除。

⑤所有影响升降作业的约束应已解除。

⑥各相邻提升点间的高差不得大于30 mm，整体架最大升降差不得大于80 mm。

（3）脚手架使用

附着式升降脚手架使用应符合以下要求：

①附着式升降脚手架应按设计性能指标进行使用，不得随意扩大使用范围；架体上的施工荷载应符合设计规定，不得超载，不得放置影响局部杆件安全的集中荷载。

②架体内的建筑垃圾和杂物应及时清理干净。

③当附着式升降脚手架停用超过3个月时，应提前采取加固措施。

④当附着式升降脚手架停用超过1个月或遇6级及6级以上大风后复工时，应进行检查，确认合格后方可使用。

⑤螺栓连接件、升降设备、防倾装置、防坠落装置、电控设备、同步控制装置等应每月进行维护和保养。

2) 附着式升降脚手架的拆除

当架子降至地面时,逐层拆除脚手架杆件和导轨等爬升机构构件。拆下的材料构件应集中堆放,清理保养后入库。

附着式升降脚手架拆除注意事项如下:

①附着式升降脚手架的拆除工作应按专项施工方案及安全操作规程的有关要求进行。

②应对拆除作业人员进行安全技术交底。

③拆除时应有可靠的防护人员或物料坠落的措施,拆除的材料及设备不得抛扔。

④拆除作业应在白天进行。遇 5 级及 5 级以上大风和大雨、大雪、浓雾和雷雨等恶劣天气时,不得进行拆除作业。

3) 附着式升降脚手架的验收

附着式升降脚手架安装前应具备下列文件:

①相应资质证书及安全生产许可证。

②附着式升降脚手架的鉴定或验收证书。

③产品进场前的自检记录。

④特种作业人员和管理人员岗位证书。

⑤各种材料及工具的质量合格证、材质单、测试报告。

⑥主要部件及提升机构的合格证。

附着式升降脚手架应在下列阶段进行检查与验收:

①首次安装完毕。

②提升或下降前。

③提升、下降到位,投入使用前。

在附着式升降脚手架使用、提升和下降阶段均应对防坠、防倾装置进行检查,合格后方可作业。附着式升降脚手架所使用的电气设施和线路应符合《施工现场临时用电安全技术规范》(JGJ 46—2012)的要求。

3.3.3　附着式升降脚手架参观实训

实训任务

北京××世纪大酒店,设计单位为中国建筑科学研究院,中建一局二公司承建施工,地上25 层,首层 5.5 m,二层 5 m,三层 5.04 m,设备层 2.15 m,5 层以上为标准层,标准层高 3.3 m。

本工程外围护脚手架拟采用附着式升降脚手架,组装时第 1～9 榀、第 25～38 榀主框架从首层楼板标高上 2 m 位置开始组装,第 10～24 榀主框架从 4 层楼板标高上 0.5 m 位置开始组装。第 9 榀和第 25 榀位置架体组装时从 G 轴外侧 1.7 m 位置处开始排 B 片,并且保证搭设的附着升降脚手架架体与相邻双排落地架架体至少有 250 mm 的净空距离,防止架体提升时与双排落地架剐蹭。

1) 理论知识准备

①了解附着式升降脚手架专项方案编制的基本要求。

②了解附着式升降脚手架的安全技术要求。

2) 实训重点

附着式升降脚手架专项方案编制。

3) 实训难点

①附着式升降脚手架专项方案编制。

②附着式升降脚手架的安全技术要求。

4) 附着式升降脚手架专项施工方案

附着式升降脚手架搭设考核验收表见表 3.15,学生工作页见表 3.16。

表 3.15　附着式升降脚手架搭设考核验收表

实训项目		实训时间		实训地点		
姓　　名		班　　级		指导教师		
成　　绩						
序号	检验内容	要求及允许偏差	检验方法	验收记录	配分	得分
1	准确性	正确的搭、拆程序	提问		10	
2	准确性	导座式升降脚手架的掌握	提问		10	
3	准确性	架体构成	提问		10	
4	准确性	防坠装置	提问		10	
5	准确性	架体工艺	提问		10	
6	准确性	附着式升降脚手架搭设施工工艺	提问		10	
7	准确性	安全防护	提问		10	
8	安全施工	安全设施到位	巡查		5	
		没有危险动作	巡查		5	
9	文明施工	工具完好、场地整洁	巡查		5	
	施工进度	按时完成	巡查		5	
10	团队精神	分工协作	巡查		5	
	工作态度	人人参与	巡查		5	

表 3.16　附着式升降脚手架搭设学生工作页

实训项目		实训时间		实训地点			
姓　　名		班　　级		指导教师		成　绩	
知识要点			评分权重30%		得分：		
附着式升降脚手架的构造							
附着式升降脚手架的分类							
附着式升降脚手架结构构造的尺寸要求							
操作要领			评分权重50%		得分：		
①附着式升降脚手架的准备工作							
②附着式升降脚手架的升降规定							
③附着式升降脚手架的拆除注意事项							
④附着式升降脚手架搭设的工艺顺序							
⑤附着式升降脚手架的拆除顺序							
操作心得			评分权重20%		得分：		

3.4　型钢悬挑式外脚手架

实训任务

根据以下工程的工程概况正确选择外脚手架形式,并编制搭设方案。

工程概况：

①总共 9 栋,每栋 26 层。总用地面积 20 733.06 m²,总建筑面积 170 477 m²。

②每栋建筑总高度:92.60 m;建筑层高:地下室 4 m 和 4.9 m;首层 5.7 m;二层以上为标准层,高均为 3 m。

③结构形式:本工程分为地下室、裙楼为现浇混凝土框架、剪力墙结构,二层以上为短肢剪力墙结构。

【学习目标】

知识目标

- 熟悉悬挑式外脚手架搭设的安全技术要求;
- 熟悉悬挑式外脚手架的基本组成与构造;
- 掌握悬挑式外脚手架的适用范围。

技能目标

- 能根据工程施工需求,正确选择脚手架的搭设形式;
- 学会悬挑式外脚手架的搭设和拆除;
- 了解脚手架工程的质量问题,能分析原因并提出相应的防治措施和解决办法。

职业素养目标

- 培养团队合作精神,养成严谨的工作作风;
- 做到安全施工、文明施工。

3.4.1　悬挑式外脚手架的分类和构造

1)悬挑式外脚手架的分类

悬挑式外脚手架就是利用建筑结构外边缘向外伸出的悬挑结构来支撑外脚手架,并将脚手架的荷载全部或部分传递给建筑物的结构部分。它必须有足够的强度、刚度和稳定性。根据悬挑脚手架支撑结构的不同,可分为挑梁式悬挑脚手架和支撑杆式悬挑脚手架两类。

2)悬挑式外脚手架的构造

（1）挑梁式悬挑脚手架

挑梁式悬挑脚手架采用固定在建筑物结构上的悬挑梁（架）,并以此为支座搭设脚手架,一般为双排脚手架。此种类型的脚手架最多可搭设 20~30 m 高,可同时进行 2~3 层作业,是目前较常用的脚手架形式。

①下撑挑梁式:悬挑脚手架的支撑结构如图 3.24 所示。在主体结构上预埋型钢挑架,并在挑梁的外端加焊斜撑压杆组成挑梁。各根挑梁之间的间距不大于 6 m,并用两根型钢纵梁相连,然后在纵梁上搭设扣件式钢管脚手架。挑架、斜撑压杆组成的挑梁,间距也不宜大于 9 m。当挑梁的间距超过 6 m 时,可用型钢制作的桁架来代替,如图 3.25 所示。

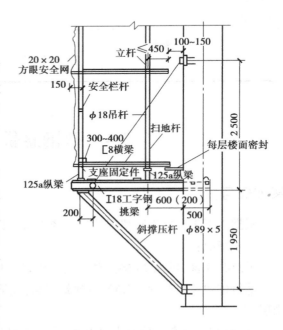

图 3.24　下撑挑梁式悬挑脚手架

②斜拉挑梁式:以型钢作挑梁,其端头用钢丝绳(或钢筋)作拉杆斜拉,如图 3.26 所示。

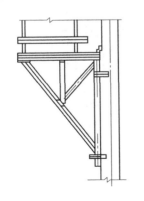
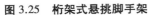

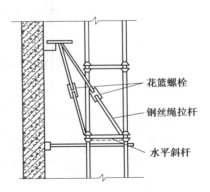
　　花篮螺栓
　　钢丝绳拉杆
　　水平斜杆

图 3.25　桁架式悬挑脚手架　　　　　　**图 3.26　斜拉挑梁式脚手架**

(2)支撑杆式悬挑脚手架

支撑杆式悬挑脚手架的支撑结构是三角斜压杆,直接用脚手架杆件搭设。

①支撑杆式单排悬挑脚手架:支撑杆式单排悬挑脚手架的支撑结构有以下两种形式。

a.从窗口挑出横杆,斜撑杆支撑在下一层的窗台上。当无窗台时,可预先在墙上留洞或预埋支托铁件,以支撑斜撑杆,如图 3.27(a)所示。

b.从同一窗口挑出横杆和伸出斜撑杆,斜撑杆的一端支撑在楼面上,如图 3.27(b)所示。

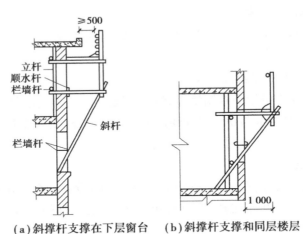

(a)斜撑杆支撑在下层窗台　　**(b)斜撑杆支撑和同层楼层**

图 3.27　支撑杆式单排悬挑脚手架

②支撑杆式双排悬挑脚手架:支撑杆式双排悬挑脚手架的支撑结构也有以下两种形式。

a.内、外两排立杆上加设斜撑杆,斜撑杆一般采用双钢管,水平横杆加长后一端与预埋在建筑物结构中的铁环焊牢。这样,脚手架的荷载通过斜杆和水平横杆传递到建筑物上,如图 3.28 所示。

b.采用下撑上挑方法,在脚手架的内、外两排立杆上分别加设斜撑杆。

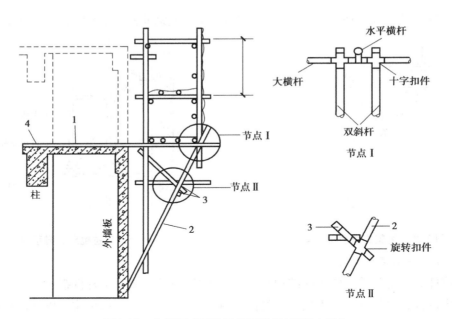

图 3.28 支撑杆式双排悬挑脚手架(下撑上挑)

1—水平横杆;2—双斜撑杆;3—加强短杆;4—预埋铁环

3.4.2 悬挑式脚手架的搭设要求、拆卸与检验

1)悬挑式脚手架的搭设要求

悬挑式脚手架的搭设顺序为:安设型钢挑梁(架)→安装斜撑压杆或斜拉绳(杆)→安设纵向钢梁→搭设上部脚手架。

(1)支撑杆式悬挑脚手架搭设要求

支撑杆式悬挑脚手架搭设需控制使用荷载,搭设要牢固。搭设时应先搭设好里架子,使横杆伸出墙外,再将斜杆撑起与挑出横杆连接牢固,随后再搭设悬挑部分,铺脚手板,外围要设栏杆和挡脚板,下面支设安全网,以确保安全。

(2)连墙件的设置

根据建筑物的轴线尺寸,在水平方向每隔 3 跨(6 m)设置一个。在垂直方向应每隔 3~4 m 设置一个,并要求各点互相错开,形成梅花状布置,连墙件的搭设方法与落地式脚手架相同。

(3)垂直控制

搭设时,要严格控制分段脚手架的垂直度,垂直度允许偏差为第一段不得超过 1/400;第二、三段不得超过 1/200。

脚手架的垂直度要随搭随检查,发现超过允许偏差时,应及时纠正。

(4)脚手板铺设

脚手板的底层应满铺厚木脚手板,其上各层可满铺薄钢板冲压成的穿孔轻型脚手板。

(5)安全防护设施

脚手架中各层均应设置护栏和挡脚板。

脚手架外侧和底面用密目安全网封闭,架子与建筑物要保持必要的通道。

（6）挑梁式脚手架立杆与挑梁（或纵梁）的连接

应在挑梁（或纵梁）上焊 150～200 mm 长钢管,其外径比脚手架立杆内径小 1.0～1.5 mm,用扣件连接,同时在立杆下部设 1～2 道扫地杆,以确保架子的稳定。

（7）悬挑梁与墙体结构的连接

应预先埋设铁件或者留好孔洞,保证连接可靠,不得随便打凿孔洞,破坏墙体。

（8）斜拉杆（绳）

斜拉杆（绳）应装有收紧装置,以使拉杆收紧后能承担荷载。

（9）钢支架

钢支架焊接应保证焊缝高度,质量符合要求。

建筑行业发生因脚手架倒塌而导致重大群死群伤的事故多起,脚手架的安全问题日益突出。而悬挑式脚手架作为工程常用的脚手架,由于没有制订相应的行业规定,各省的做法也不尽相同。

（10）悬挑式脚手架搭设必须明确安全管理责任

①建设行政主管部门负责本行政区域内建筑施工悬挑架的安全监督管理。

②悬挑架在搭设中,应服从施工总承包单位对施工现场的安全生产管理,悬挑架搭设单位应对搭设质量及其作业过程的安全负责。

（11）悬挑式脚手架搭设前的准备工作

①悬挑架的设计制作等必须遵循国家的有关标准。

②悬挑架施工前应编制专项施工方案,必须有施工图和设计计算书,且符合安全技术条件,审批手续齐全（施工单位编制→施工单位审批→施工单位技术负责人批准→报送监理单位→总监理工程师组织监理工程师审核→总监理工程师批准→报送建设单位）,并在专职安全管理人员的监督下实施。

③悬挑架的支承与建筑结构的固定方式经设计计算确定,必须得到工程设计单位认可,主要考虑是否可能破坏建筑结构。

（12）悬挑架选择和制作应注意的问题

①悬挑架的支承结构应为型钢制作的悬挑梁或悬桁架等,不得采用钢管。

②必须经过设计计算,其计算内容包括材料的抗弯强度、抗剪强度、整体稳定、挠度。

③悬挑架应水平设置在梁上,锚固位置必须设置在主梁或主梁以内的楼板上,不得设置在外伸阳台或悬挑板上。

④节点的制作（悬挑梁的锚固点、悬挑架的节点）必须采用焊接或螺栓连接的结构,不得采用扣件连接,以保证节点是刚性的。

⑤支承体与结构的连接方式必须进行设计,设计时考虑连接件的材质、连接件与型钢的固定方式。目前普遍采用的是预埋圆钢环或 U 形螺栓,应满足受力的强度。采用 U 形螺栓的固定方式有压板固定式（紧固）和双螺母固定式（防松）,这是根据《钢结构工程施工规范》（GB 50755—2012）中第 7.3.2 条,普通螺栓作为永久性连接螺栓时,应符合下列规定:

a.对一般的螺栓连接,螺栓头和螺母下面应放置平垫圈,以增大承压面积。

b.螺栓头和螺母应分别放置平垫圈,螺栓头侧放置的平垫圈一般不应多于2个,螺母侧放置的平垫圈一般不应多于1个。

c.对于设计有防松动的螺栓、锚固螺栓应采用防松动装置的螺母或弹簧垫圈,弹簧垫圈必须设置在螺母一侧。

d.对于承受动荷载或重要部位的螺栓连接,应按设计要求放置弹簧垫圈,弹簧垫圈必须设置在螺母一侧。

e.对于工字钢、槽钢类型利用斜面连接时应使用斜垫圈,使螺母和螺栓头部的支承面垂直于螺杆。

⑥固定端长度必须超过悬挑长度的1.5倍,这样可以减少对建筑结构的影响,保证梁在使用中的安全,提高锚固强度。

(13)悬挑式脚手架其他应注意的安全技术问题

悬挑架除以上所述外,连墙体的设置、剪刀撑的设置、纵横向扫地杆的设置、架体薄弱位置的加强、卸料平台的搭设等与《建筑施工扣件或钢管脚手架安全技术规范》(JGJ 130—2011)的要求基本一样,其中高度超过设计高度的架件,由于悬伸长度较长就降低了悬挑梁的抗弯性能与整体稳定性,因此在此处必须有可靠的加强措施。悬挑架底必须张挂安全平网防护,其他防护也与落地式钢管脚手架一样。

2)悬挑式脚手架的拆卸

①拆卸作业前,方案编制人员和专职安全员必须按专项施工方案和安全技术措施的要求对参加拆卸人员进行安全技术书面交底,并履行签字手续。

②拆除脚手架前应全面检查脚手架的扣件、连墙件、支撑体系等是否符合构造要求,同时应清除脚手架上的杂物及影响拆卸作业的障碍物。

③拆卸作业时,应设置警戒区,严禁无关人员进入施工现场。施工现场应设置负责统一指挥的人员和专职监护的人员。作业人员应严格执行施工方案及有关安全技术规定。

④拆卸时应有可靠的防护人员与防止物料坠落的措施。拆除杆件及构配件均应逐层向下传递,严禁抛掷物料。

⑤拆除作业必须由上而下逐层拆除,严禁上下同时作业。

⑥拆除脚手架时连墙件必须随脚手架逐层拆除,严禁先将连墙件整层或数层拆除后再拆脚手架。

⑦当脚手架采取分段、分立面拆除时,事先应确定技术方案,对不拆除的脚手架两端,事先必须采取必要的加固措施。

3)悬挑式脚手架的检验

悬挑式脚手架分段或分部位搭设完后,必须按相应的钢管脚手架质量标准进行检查、验收,经检查、验收合格后,方可继续搭设和使用。在使用过程中要加强检查,并及时清除架子上的垃圾和剩余料,注意控制使用荷载,禁止在架子上过多集中堆放材料。

3.4.3　型钢悬挑双排外脚手架搭设

实训任务

确定项目脚手架搭设形式,完成脚手架搭设方案的编制。

项目概况:

①总共 9 栋,每栋 26 层。总用地面积 20 733.06 m²;总建筑面积 170 477 m²。

②每栋建筑总高度:92.60 m;建筑层高:地下室 4 m 和 4.9 m;首层 5.7 m;二层以上为标准层,高均为 3 m。

③结构形式:本工程分为地下室、裙楼为现浇混凝土框架、剪力墙结构,二层以上为短肢剪力墙结构。

1)脚手架的形式选择

根据本次施工工程的长度和高度及平面形式和结构类型,结合现有设备,经比较决定,首层梁板至地上 7 层梁板外架采用普通落地双排外脚手架。

8~21 层(高度 39 m)、21~31 层(高度 30 m)外架用 16 号工字钢分别在 8 层、21 层悬挑钢脚手架(标准层均为 3 m 层高),采用型钢悬挑双排外脚手架。

高度不大于 40 m,悬挑采用 16 号工字钢。

屋面上部采用双排落地脚手架。

脚手架在塔吊、施工电梯需断开处,除断开部位增加连墙杆外,另用长钢管在不影响使用的部位将断开的两端拉接起来,保证脚手架稳固。但作为安全储备,在架高 12 m 附近的地方用钢丝绳斜拉一道。

2)构造(悬挑脚手架的搭设方案)

悬挑脚手架的搭设方案如下:

①悬挑脚手架的受力体系采用 16 号工字钢、$\phi48$ mm×3.5 mm 钢管、扣件、$\phi14$ mm 钢丝绳(6 mm×19 mm,公称抗拉强度 1 400 N/mm²)及预埋吊环 $\phi14$ mm 钢筋组成。

②钢丝绳吊点卸荷水平距离为立杆间距,在每 15 m 处板面的边梁或外墙中设钢丝绳卸荷。顶埋斜拉钢丝绳,采用 Ⅰ 级钢 $\phi14$ mm 制作,埋入深度不小于 30 d,并要钩住结构钢筋。根据结构进度情况,及时将吊环与工字钢套上钢丝绳,采用 1.5 t 葫芦拉紧,每头用 3 个 U 形卡固定。

③工字钢悬挑梁全长 3 m,位于结构上的长度不低于 1.5 m,每根工字钢的水平间距一般不得超过 1.5 m(具体尺寸根据工程结构进行调整,不得大于 1.5 m),上一楼层的吊环水平间距根据工字钢间距进行预埋,工字钢与上一楼层相应吊环在同一竖直平面内,水平偏差不得超过 100 mm。

④内、外立杆均为单杆,立杆纵距 l_a=1.5 m(具体尺寸根据工程结构尺寸进行调整),立杆横距 l_b=0.9 m,内排立杆距外墙 b_1=0.3 m(空调板和阳台等处要根据实际情况加大),扫地大横杆距工字钢表面 250 mm,大横杆步距 h=1.8 m,小横杆端头距结构 b_2=0.1 m,外排架

内侧满挂密目安全网全封闭。要求所有斜拉节点处的小横杆端头要顶紧结构面作为水平压杆,并在拉节点处设置双扣件。

⑤对于扣件:

a.螺栓拧紧扭力矩不小于 40 N·m,且不大于 65 N·m。

b.双排脚手架,搭设高度为 27.0 m,立杆采用单立管。

c.立杆的纵距为 1.50 m,立杆的横距为 0.90 m,内排架距离结构为 0.30 m,立杆的步距为 1.80 m。

d.采用的钢管类型为 48 mm×3.5 mm。

e.连墙件采用二步二跨,竖向间距为 3.60 m,水平间距为 3.00 m。

f.施工活荷载为 3.0 kN/m²,同时考虑二层施工。

g.脚手板采用竹笆片,荷载为 0.15 kN/m²,按照铺设 14 层计算。

h.栏杆采用竹笆片,荷载为 0.15 kN/m²,安全网荷载取 0.005 0 kN/m²。

i.脚手板下大横杆在小横杆上,且主节点间增加一根大横杆。

j.基本风压为 0.45 kN/m²,高度变化系数 1.670 0,体型系数 0.868 0。

k.悬挑水平钢梁采用 16 号工字钢,其中建筑物外悬挑段长度为 1.40 m,建筑物内锚固段长度为 1.60 m。

l.悬挑水平钢梁采用拉杆与建筑物拉结,最外面支点距离建筑物为 1.20 m,拉杆采用钢丝绳。

第4章

相关标准

建筑施工扣件式钢管脚手架安全技术规范
JGJ 130—2011
中华人民共和国建设部公告 902 号
2011-01-28 批准　　2011-12-01 实施

1　总　　则

1.0.1　为在扣件式钢管脚手架设计与施工中贯彻执行国家安全生产的方针政策,确保施工人员安全,做到技术先进、经济合理、安全适用,制定本规范。

1.0.2　本规范适用于房屋建筑工程和市政工程等施工用落地式单、双排扣件式钢管脚手架、满堂扣件式钢管脚手架、型钢悬挑扣件式钢管脚手架、满堂扣件式钢管支撑架的设计、施工及验收。

1.0.3　扣件式钢管脚手架施工前,应按本规范的规定对其结构构件与立杆地基承载力进行设计计算,并应编制专项施工方案。

1.0.4　扣件式钢管脚手架的设计、施工与验收,除应符合本规范的规定外,尚应符合国家现行有关强制性标准的规定。

2　术语、符号

2.1　术语

2.1.1　扣件式钢管脚手架　steel tubular scaffold with couplers
为建筑施工而搭设的、承受荷载的由扣件和钢管等构成的脚手架与支撑架,包含本规范

101

各类脚手架与支撑架,统称脚手架。

2.1.2 支撑架 formwork support

为钢结构安装或浇筑混凝土构件等搭设的承力支架。

2.1.3 单排扣件式钢管脚手架 single pole steel tubular scaffold with couplers

只有一排立杆,横向水平杆的一端搁置固定在墙体上的脚手架,简称单排架。

2.1.4 双排扣件式钢管脚手架 double pole steel tubular scaffold with couplers

由内外两排立杆和水平杆等构成的脚手架,简称双排架。

2.1.5 满堂扣件式钢管脚手架 fastener steel tube full hall scaffold

在纵、横方向,由不少于三排立杆并与水平杆、水平剪刀撑、竖向剪刀撑、扣件等构成的脚手架。该架体顶部作业层施工荷载通过水平杆传递给立杆,顶部立杆呈偏心受压状态,简称满堂脚手架。

2.1.6 满堂扣件式钢管支撑架 fastener steel tube full hall formwork support

在纵、横方向,由不少于三排立杆并与水平杆、水平剪刀撑、竖向剪刀撑、扣件等构成的承力支架。该架体顶部钢结构安装等(同类工程)施工荷载通过可调托撑轴心传力给立杆,顶部立杆呈轴心受压状态,简称满堂支撑架。

2.1.7 开口型脚手架 open scaffold

沿建筑周边非交圈设置的脚手架为开口型脚手架;其中呈直线型的脚手架为一字形脚手架。

2.1.8 封圈型脚手架 loop scaffold

沿建筑周边交圈设置的脚手架。

2.1.9 扣件 coupler

采用螺栓紧固的扣接连接件为扣件,包括直角扣件、旋转扣件、对接扣件。

2.1.10 防滑扣件 skid resistant coupler

根据抗滑要求增设的非连接用途扣件。

2.1.11 底座 base plate

设于立杆底部的垫座,包括固定底座、可调底座。

2.1.12 可调托撑 adjustable forkhead

插入立杆钢管顶部,可调节高度的顶撑。

2.1.13 水平杆 horizontal tube

脚手架中的水平杆件。沿脚手架纵向设置的水平杆为纵向水平杆;沿脚手架横向设置的水平杆为横向水平杆。

2.1.14 扫地杆 bottom reinforcing tube

贴近楼(地)面设置,连接立杆根部的纵、横向水平杆件,包括纵向扫地杆、横向扫地杆。

2.1.15 连墙件 tie member

将脚手架架体与建筑主体结构连接,能够传递拉力和压力的构件。

2.1.16 连墙件间距 spacing of tie member

脚手架相邻连墙件之间的距离,包括连墙件竖距、连墙件横距。

2.1.17　横向斜撑　diagonal brace

与双排脚手架内、外立杆或水平杆斜交呈之字形的斜杆。

2.1.18　剪刀撑　diagonal bracing

在脚手架竖向或水平向成对设置的交叉斜杆。

2.1.19　抛撑　cross bracing

用于脚手架侧面支撑,与脚手架外侧面斜交的杆件。

2.1.20　脚手架高度　scaffold height

自立杆底座下皮至架顶栏杆上皮之间的垂直距离。

2.1.21　脚手架长度　scaffold length

脚手架纵向两端立杆外皮间的水平距离。

2.1.22　脚手架宽度　scaffold width

脚手架横向两端立杆外皮之间的水平距离,单排脚手架为外立杆外皮至墙面的距离。

2.1.23　步距　lift height

上下水平杆轴线间的距离。

2.1.24　立杆纵(跨)距　longitudinal spacing of upright tube

脚手架纵向相邻立杆之间的轴线距离。

2.1.25　立杆横距　transverse spacing of upright tube

脚手架横向相邻立杆之间的轴线距离,单排脚手架为外立杆轴线至墙面的距离。

2.1.26　主节点　main node

立杆、纵向水平杆、横向水平杆三杆紧靠的扣接点。

2.2　符号

2.2.1　荷载和荷载效应

g_k——立杆承受的每米结构自重标准值;

M_{Gk}——脚手板自重产生的弯矩标准值;

M_{Qk}——施工荷载产生的弯矩标准值;

M_{Wk}——风荷载产生的弯矩标准值;

N_{G1k}——脚手架立杆承受的结构自重产生的轴向力标准值;

N_{G2k}——脚手架构配件自重产生的轴向力标准值;

$\sum N_{Gk}$——永久荷载对立杆产生的轴向力标准值总和;

$\sum N_{Qk}$——可变荷载对立杆产生的轴向力标准值总和;

N_k——上部结构传至基础顶面的立杆轴向力标准值;

P_k——立杆基础底面处的平均压力标准值;

ω_k——风荷载标准值;

ω_o——基本风压值;

M——弯矩设计值;

M_w——风荷载产生的弯矩设计值；

N——轴向力设计值；

N_l——连墙件轴向力设计值；

$N_{l\omega}$——风荷载产生的连墙件轴向力设计值；

R——纵向或横向水平杆传给立杆的竖向作用力设计值；

ν——挠度；

σ——弯曲正应力。

2.2.2　材料性能和抗力

E——钢材的弹性模量；

f——钢材的抗拉、抗压、抗弯强度设计值；

f_g——地基承载力特征值；

R_c——扣件抗滑承载力设计值；

$[\nu]$——容许挠度；

$[\lambda]$——容许长细比。

2.2.3　几何参数

A——钢管或构件的截面面积，基础底面面积；

A_n——挡风面积；

A_w——迎风面积；

$[H]$——脚手架允许搭设高度；

h——步距；

i——截面回转半径；

l——长度、跨度、搭接长度；

l_a——立杆纵距；

l_b——立杆横距；

l_0——立杆计算长度，纵、横向水平杆计算跨度；

s——杆件间距；

t——杆件壁厚；

W——截面模量；

λ——长细比；

ϕ——杆件直径。

2.2.4　计算系数

k——立杆计算长度附加系数；

μ——考虑脚手架整体稳定因素的单杆计算长度系数；

μ_s——脚手架风荷载体型系数；

μ_{stw}——按桁架确定的脚手架结构的风荷载体型系数；

μ_z——风压高度变化系数；

φ——轴心受压构件的稳定系数，挡风系数。

3　构配件

3.1　钢管

3.1.1　脚手架钢管应采用现行国家标准《直缝电焊钢管》(GB/T 13793—2008)或《低压流体输送用焊接钢管》(GB/T 3091—2008)中规定的 Q235 普通钢管；钢管的钢材质量应符合现行国家标准《碳素结构钢》(GB/T 700—2006)中 Q235 级钢的规定。

3.1.2　脚手架钢管宜采用 ϕ48.3×3.6 钢管。每根钢管的最大质量不应大于 25.8 kg。

3.2　扣件

3.2.1　扣件应采用可锻铸铁或铸钢制作，其质量和性能应符合现行国家标准《钢管脚手架扣件》(GB 15831—2006)的规定，采用其他材料制作的扣件，应经试验证明其质量符合该标准的规定后方可使用。

3.2.2　扣件在螺栓拧紧扭力矩达到 65 N·m 时，不得发生破坏。

3.3　脚手板

3.3.1　脚手板可采用钢、木、竹材料制作，单块脚手板的质量不宜大于 30 kg。

3.3.2　冲压钢脚手板的材质应符合现行国家标准《碳素结构钢》(GB/T 700—2006)中 Q235 级钢的规定。

3.3.3　木脚手板材质应符合现行国家标准《木结构设计规范》(GB 50005—2003)中 II$_a$ 级材质的规定。脚手板厚度不应小于 50 mm，两端宜各设置直径不小于 4 mm 的镀锌钢丝箍两道。

3.3.4　竹脚手板宜采用由毛竹或楠竹制作的竹串片板、竹笆板；竹串片脚手板应符合现行行业标准《建筑施工木脚手架安全技术规范》(JGJ 164—2008)的相关规定。

3.4　可调托撑

3.4.1　可调托撑螺杆外径不得小于 36 mm，直径与螺距应符合现行国家标准《梯形螺纹》(GB/T 5796.3—2005)的规定。

3.4.2　可调托撑的螺杆与支托板焊接应牢固，焊缝高度不得小于 6 mm；可调托撑螺杆与螺母旋合长度不得少于 5 扣，螺母厚度不得小于 30 mm。

3.4.3　可调托撑抗压承载力设计值不应小于 40 kN，支托板厚不应小于 5 mm。

3.5　悬挑脚手架用型钢

3.5.1　悬挑脚手架用型钢的材质应符合现行国家标准《碳素结构钢》(GB/T 700—2006)或《低合金高强度结构钢》(GB/T 1591—2008)的规定。

3.5.2　用于固定型钢悬挑梁的 U 形钢筋拉环或锚固螺栓材质应符合现行国家标准《钢筋混凝土用钢　第 1 部分：热轧光圆钢筋》(GB 1499.1—2008)中 HPB235 级钢筋的规定。

4 荷 载

4.1 荷载分类

4.1.1 作用于脚手架的荷载可分为永久荷载(恒荷载)与可变荷载(活荷载)。

4.1.2 脚手架永久荷载包含下列内容:

1.单排架、双排架与满堂脚手架

1)架体结构自重:包括立杆、纵向水平杆、横向水平杆、剪刀撑、扣件等的自重。

2)构、配件自重:包括脚手板、栏杆、挡脚板、安全网等防护设施的自重。

2.满堂支撑架

1)架体结构自重:包括立杆、纵向水平杆、横向水平杆、剪刀撑、可调托撑、扣件等的自重。

2)构、配件及可调托撑上主梁、次梁、支撑板等的自重。

4.1.3 脚手架可变荷载应包含下列内容:

1.单排架、双排架与满堂脚手架:

1)施工荷载,包括作业层上的人员、器具和材料的自重。

2)风荷载。

2.满堂支撑架

1)作业层上的人员、设备等的自重。

2)结构构件、施工材料等的自重。

3)风荷载。

4.1.4 用于混凝土结构施工的支撑架上的永久荷载与可变荷载,应符合现行行业标准《建筑施工模板安全技术规范》(JGJ 162—2008)的规定。

4.2 荷载标准值

4.2.1 永久荷载标准值的取值应符合下列规定

1.单、双排脚手架立杆承受的每米结构自重标准值,可按本规范附录 A 表 A.0.1 采用;满堂脚手架立杆承受的每米结构自重标准值,宜按本规范附录 A 表 A.0.2 采用;满堂支撑架立杆承受的每米结构自重标准值,宜按本规范附录 A 表 A.0.3 采用。(本书未收录附录,可自行上网查询)

2.冲压钢脚手板、木脚手板、竹串片脚手板与竹笆脚手板自重标准值,宜按表 4.2.1 取用。

表 4.2.1 脚手板自重标准值

类　别	标准值/($kN \cdot m^{-2}$)
冲压钢脚手板	0.30
竹串片脚手板	0.35
木脚手板	0.35
竹笆脚手板	0.10

3.栏杆、挡脚板自重标准值,宜按表4.2.2采用。

表4.2.2　栏杆、挡脚板自重标准值

类　别	标准值/(kN·m^{-2})
栏杆、冲压钢脚手板挡板	0.16
栏杆、竹串片脚手板挡板	0.17
栏杆、木脚手板挡板	0.17

4.脚手架上吊挂的安全设施(安全网)的自重标准值应按实际情况采用,密目式安全立网自重的标准值不应低于0.01 kN/m^2。

5.支撑架上可调托撑上主梁、次梁、支撑板等自重应按实际计算。对于下列情况可按表4.2.3采用:

1)普通木质主梁(含 ϕ48.3×3.6 双钢管)、次梁,木支撑板。

2)型钢次梁自重不超过 10 号工字钢自重,型钢主梁自重不超过 H100 mm×100 mm×6 mm×8 mm 型钢自重,支撑板自重不超过木脚手板自重。

表4.2.3　主梁、次梁及支撑板自重标准值(kN·m^{-2})

类　别	立杆间距/m	
	>0.75×0.75	≤0.75×0.75
木质主梁(含 ϕ48.3×3.6 双钢管)、次梁,木支撑板	0.6	0.85
型钢主梁、次梁,木支撑板	1.0	1.2

4.2.2　单、双排与满堂脚手架作业层上的施工荷载标准值应根据实际情况确定,且不应低于表4.2.4的规定。

表4.2.4　施工均布荷载标准值

类　别	标准值/(kN·m^{-2})
装修脚手架	2.0
混凝土、砌筑结构脚手架	3.0
轻型钢结构及空间网格结构脚手架	2.0
普通钢结构脚手架	3.0

注:斜道上的施工均布荷载标准值不应低于2.0 kN/m^2。

4.2.3　当在双排脚手架上同时有 2 个及以上操作层作业时,在同一个跨距内各操作层的施工均布荷载标准值总和不得超过 5.0 kN/m^2。

4.2.4　满堂支撑架上荷载标准值的取值应符合下列规定:

1.永久荷载与可变荷载(不含风荷载)标准值总和不大于 4.2 kN/m^2 时,施工均布荷载标准值应按本规范表4.2.4采用。

2.永久荷载与可变荷载(不含风荷载)标准值总和大于 4.2 kN/m² 时,应符合下列要求:

1)作业层上的人员及设备荷载标准值取 1.0 kN/m²;大型设备、结构构件等可变荷载按实际计算。

2)用于混凝土结构施工时,作业层上荷载标准值的取值应符合现行行业标准《建筑施工模板安全技术规范》(JGJ 162—2008)的规定。

4.2.5　作用于脚手架上的水平风荷载标准值,应按下式计算:

$$w_k = \mu_z \cdot \mu_s \cdot w_o \tag{4.2.5}$$

式中　w_k——风荷载标准值,kN/m²;

　　　μ_z——风压高度变化系数,应按现行国家标准《建筑结构荷载规范》(GB 50009—2012)的规定采用;

　　　μ_s——脚手架风荷载体型系数,应按本规范表 4.2.5 的规定采用;

　　　w_o——基本风压值,kN/m²,应按国家标准《建筑结构荷载规范》(GB 50009—2012)的规定采用,取重现期 $n = 10$ 对应的风压值。

4.2.6　脚手架的风荷载体型系数,应按表 4.2.5 的规定采用。

表 4.2.5　脚手架的风荷载体型系数 μ_s

背靠建筑物的状况		全封闭墙	敞开、框架和开洞墙
脚手架状况	全封闭、半封闭	1.0ϕ	1.3ϕ
	敞开	μ_{stw}	

注:1.μ_{stw}值可将脚手架视为桁架,按国家标准《建筑结构荷载规范》(GB 50009—2012)第 8.1.1 项的规定计算;

　　2.ϕ 为挡风系数,$\phi = 1.2A_n/A_w$,其中,A_n 为挡风面积;A_w 为迎风面积。敞开式脚手架的 ϕ 值可按本规范附录 A 表 A.0.5 采用。

4.2.7　密目式安全立网全封闭脚手架挡风系数 ϕ 不宜小于 0.8。

4.3　荷载效应组合

4.3.1　设计脚手架的承重构件时,应根据使用过程中可能出现的荷载取其最不利组合进行计算,荷载效应组合宜按表 4.3.1 采用。

表 4.3.1　荷载效应组合

计算项目	荷载效应组合
纵向、横向水平杆强度与变形	永久荷载+施工荷载
脚手架立杆地基承载力 型钢悬挑梁的强度、稳定与变形	①永久荷载+施工荷载 ②永久荷载+0.9×(施工荷载+风荷载)
立杆稳定	①永久荷载+可变荷载(不含风荷载) ②永久荷载+0.9×(可变荷载+风荷载)
连墙件强度与稳定	单排架,风荷载+2.0 kN 双排架,风荷载+3.0 kN

4.3.2 满堂支撑架用于混凝土结构施工时,荷载组合与荷载设计值应符合现行行业标准《建筑施工模板安全技术规范》(JGJ162—2008)的规定。

5 设计计算

(略)。

6 构造要求

6.1 常用单、双排脚手架设计尺寸

6.1.1 常用密目式安全立网全封闭单、双排脚手架结构的设计尺寸,可按表6.1.1、表6.1.2采用。

表 6.1.1 常用密目式安全立网全封闭式双排脚手架的设计尺寸

连墙件设置	立杆横距 l_b/m	步距 h/m	下列荷载时的立杆纵距 l_a				脚手架允许搭设高度 $[H]$/m
			2+0.35 /(kN·m^{-2})	2+2+ 2×0.35 /(kN·m^{-2})	3+0.35 /(kN·m^{-2})	3+2+ 2×0.35 /(kN·m^{-2})	
二步三跨	1.05	1.50	2.0	1.5	1.5	1.5	50
		1.80	1.8	1.5	1.5	1.5	32
	1.30	1.50	1.8	1.5	1.5	1.5	50
		1.80	1.8	1.2	1.5	1.2	30
	1.55	1.50	1.8	1.5	1.5	1.5	38
		1.80	1.8	1.2	1.5	1.2	22
三步三跨	1.05	1.50	2.0	1.5	1.5	1.5	43
		1.80	1.8	1.2	1.5	1.2	24
	1.30	1.50	1.8	1.5	1.5	1.2	30
		1.80	1.8	1.2	1.5	1.2	17

注:1.表中所示2+2+2×0.35(kN/m^2),包括下列荷载:2+2(kN/m^2)为二层装修作业层施工荷载标准值;2×0.35(kN/m^2)为二层作业层脚手板自重荷载标准值。

2.作业层横向水平杆间距,应按不大于l_a/2设置。

3.地面粗糙度为 B 类,基本风压 $\omega_0 = 0.4$ kN/m^2。

表 6.1.2　常用密目式安全立网全封闭式单排脚手架的设计尺寸

| 连墙件设置 | 立杆横距 l_b/m | 步距 h/m | 下列荷载时的立杆纵距 l_a | | 脚手架允许搭设高度 $[H]$/m |
			2+0.35 /(kN·m⁻²)	3+0.35 /(kN·m⁻²)	
二步三跨	1.20	1.50	2.0	1.8	24
		1.80	1.5	1.2	24
	1.40	1.50	1.8	1.5	24
		1.80	1.5	1.2	24
三步三跨	1.20	1.50	2.0	1.8	24
		1.80	1.2	1.2	24
	1.40	1.50	1.8	1.5	24
		1.80	1.2	1.2	24

注:同表6.1.1。

6.1.2　单排脚手架搭设高度不应超过 24 m;双排脚手架搭设高度不宜超过 50 m,高度超过 50 m 的双排脚手架,应采用分段搭设措施。

6.2　脚手架纵向水平杆、横向水平杆、脚手板

6.2.1　纵向水平杆的构造应符合下列规定

1.纵向水平杆应设置在立杆内侧,单根杆长度不应小于 3 跨。

2.纵向水平杆接长应采用对接扣件连接或搭接。并应符合下列规定:

1)两根相邻纵向水平杆的接头不应设置在同步或同跨内;不同步或不同跨两个相邻接头在水平方向错开的距离不应小于 500 mm;各接头中心至最近主节点的距离不应大于纵距的 1/3(图 6.2.1)。

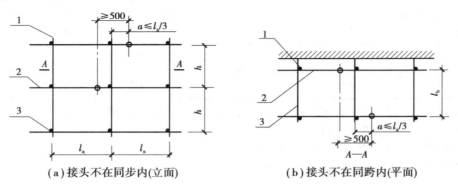

（a）接头不在同步内(立面)　　　　　（b）接头不在同跨内(平面)

图 6.2.1　纵向水平杆对接接头布置
1—立杆;2—纵向水平杆;3—横向水平杆

2)搭接长度不应小于 1 m,应等间距设置 3 个旋转扣件固定,端部扣件盖板边缘至搭接纵向水平杆杆端的距离不应小于 100 mm。

3.当使用冲压钢脚手板、木脚手板、竹串片脚手板时,纵向水平杆应作为横向水平杆的支座,用直角扣件固定在立杆上;当使用竹笆脚手板时,纵向水平杆应采用直角扣件固定在横向水平杆上,并应等间距设置,间距不应大于 400 mm(图 6.2.2)。

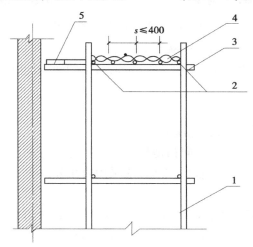

图 6.2.2 铺竹笆脚手板时纵向水平杆的构造
1—立杆;2—纵向水平杆;3—横向水平杆;4—竹笆脚手板;5—其他脚手板

6.2.2 横向水平杆的构造应符合下列规定

1.作业层上非主节点处的横向水平杆,宜根据支承脚手板的需要等间距设置,最大间距不应大于纵距的 1/2。

2.当使用冲压钢脚手板、木脚手板、竹串片脚手板时,双排脚手架的横向水平杆两端均应采用直角扣件固定在纵向水平杆上;单排脚手架的横向水平杆的一端应用直角扣件固定在纵向水平杆上,另一端应插入墙内,插入长度不应小于 180 mm。

3.当使用竹笆脚手板时,双排脚手架的横向水平杆的两端,应用直角扣件固定在立杆上;单排脚手架的横向水平杆的一端,应用直角扣件固定在立杆上,另一端插入墙内,插入长度不应小于 180 mm。

6.2.3 主节点处必须设置一根横向水平杆,用直角扣件扣接且严禁拆除。

6.2.4 脚手板的设置应符合下列规定:

1.作业层脚手板应铺满、铺稳、铺实。

2.冲压钢脚手板、木脚手板、竹串片脚手板等,应设置在三根横向水平杆上。当脚手板长度小于 2 m 时,可采用两根横向水平杆支承,但应将脚手板两端与横向水平杆可靠固定,严防倾翻。脚手板的铺设应采用对接平铺或搭接铺设。脚手板对接平铺时,接头处应设两根横向水平杆,脚手板外伸长度应取 130~150 mm,两块脚手板外伸长度的和不应大于 300 mm[图 6.2.3(a)];脚手板搭接铺设时,接头应支在横向水平杆上,搭接长度不应小于 200 mm,其伸出横向水平杆的长度不应小于 100 mm[图 6.2.3(b)]。

3.竹笆脚手板应按其主竹筋垂直于纵向水平杆方向铺设,且应对接平铺,4 个角应用直

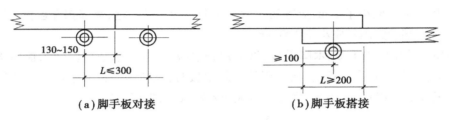

（a）脚手板对接 　　　　（b）脚手板搭接

图 6.2.3　脚手板对接、搭接构造

径不小于 1.2 mm 的镀锌钢丝固定在纵向水平杆上。

4.作业层端部脚手板探头长度应取 150 mm,其板的两端均应固定于支承杆件上。

6.3　立杆

6.3.1　每根立杆底部应设置底座或垫板。

6.3.2　脚手架必须设置纵、横向扫地杆。纵向扫地杆应采用直角扣件固定在距钢管底端不大于 200 mm 处的立杆上。横向扫地杆应采用直角扣件固定在紧靠纵向扫地杆下方的立杆上。

6.3.3　脚手架立杆基础不在同一高度上时,必须将高处的纵向扫地杆向低处延长两跨与立杆固定,高低差不应大于 1 m。靠边坡上方的立杆轴线到边坡的距离不应小于 500 mm（图 6.3.1）。

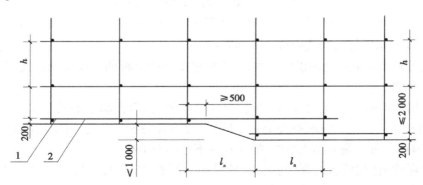

图 6.3.1　纵、横向扫地杆构造

1—横向扫地杆;2—纵向扫地杆

6.3.4　单、双排脚手架底层步距均不应大于 2 m。

6.3.5　单、双排与满堂脚手架立杆接长除顶层顶步外,其余各层各步接头必须采用对接扣件连接。

6.3.6　脚手架立杆对接、搭接应符合下列规定:

1.当立杆采用对接接长时,立杆的对接扣件应交错布置,两根相邻立杆的接头不应设置在同步内,同步内隔一根立杆的两个相隔接头在高度方向错开的距离不宜小于 500 mm;各接头中心至主节点的距离不宜大于步距的 1/3。

2.当立杆采用搭接接长时,搭接长度不应小于 1 m,并应采用不少于 2 个旋转扣件固定。端部扣件盖板的边缘至杆端距离不应小于 100 mm。

6.3.7　脚手架立杆顶端栏杆宜高出女儿墙上端 1 m,宜高出檐口上端 1.5 m。

6.4　连墙件

6.4.1　脚手架连墙件设置的位置、数量应按专项施工方案确定。

6.4.2　脚手架连墙件数量的设置除应满足本规范的计算要求外,还应符合表 6.4.1 的规定。

表 6.4.1　连墙件布置最大间距

搭设方法	高度/m	竖向间距 h/m	水平间距 l_a/m	每根连墙件覆盖面积 /m^2
双排落地	≤50	$3h$	$3l_a$	≤40
双排悬挑	>50	$2h$	$3l_a$	≤27
单排	≤24	$3h$	$3l_a$	≤40

注:h——步距;l_a——纵距。

6.4.3　连墙件的布置应符合下列规定:

1.应靠近主节点设置,偏离主节点的距离不应大于 300 mm。

2.应从底层第一步纵向水平杆处开始设置,当该处设置有困难时,应采用其他可靠措施固定。

3.应优先采用菱形布置,或采用方形、矩形布置。

6.4.4　开口型脚手架的两端必须设置连墙件,连墙件的垂直间距不应大于建筑物的层高,并不应大于 4 m。

6.4.5　连墙件中的连墙杆应呈水平设置,当不能水平设置时,应向脚手架一端下斜连接。

6.4.6　连墙件必须采用可承受拉力和压力的构造。对高度 24 m 以上的双排脚手架,应采用刚性连墙件与建筑物连接。

6.4.7　当脚手架下部暂不能设连墙件时应采取防倾覆措施。当搭设抛撑时,抛撑应采用通长杆件,并用旋转扣件固定在脚手架上,与地面的倾角应为 45°～60°;连接点中心至主节点的距离不应大于 300 mm。抛撑应在连墙件搭设后方可拆除。

6.4.8　架高超过 40 m 且有风涡流作用时,应采取抗上升翻流作用的连墙措施。

6.5　门洞

6.5.1　单、双排脚手架门洞宜采用上升斜杆、平行弦杆桁架结构形式(图 6.5.1),斜杆与地面的倾角 α 应为 45°～60°。门洞桁架的形式宜按下列要求确定:

1.当步距(h)小于纵距(l_a)时,应采用 A 型。

2.当步距(h)大于纵距(l_a)时,应采用 B 型,并应符合下列规定:

1)h = 1.8 m 时,纵距不应大于 1.5 m;

2)h = 2.0 m 时,纵距不应大于 1.2 m。

6.5.2　单、双排脚手架门洞桁架的构造应符合下列规定：

1.单排脚手架门洞处,应在平面桁架(图6.5.1中 *ABCD*)的每一节间设置一根斜腹杆;双排脚手架门洞处的空间桁架,除下弦平面外,应在其余5个平面内的图示节间设置一根斜腹杆(图6.5.1中 1—1、2—2、3—3 剖面)。

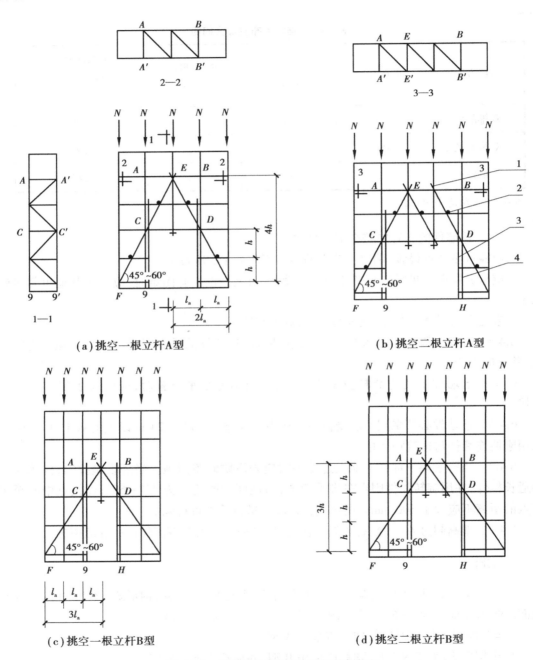

图 6.5.1　门洞处上升斜杆、平行弦杆桁架

1—防滑扣件;2—增设的横向水平杆;3—副立杆;4—主立杆

2.斜腹杆宜采用旋转扣件固定在与之相交的横向水平杆的伸出端上,旋转扣件中心线至主节点的距离不宜大于150 mm。当斜腹杆在1跨内跨越2个步距(图6.5.1A型)时,宜在相交的纵向水平杆处,增设一根横向水平杆,将斜腹杆固定在其伸出端上。

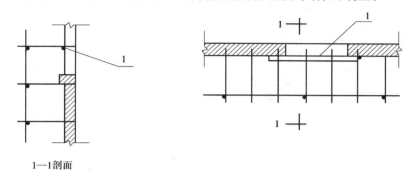

1—1剖面

图6.5.2　单排脚手架过窗洞构造

1—增设的纵向水平杆

3.斜腹杆宜采用通长杆件,当必须接长使用时,宜采用对接扣件连接,也可采用搭接,搭接构造应符合本规范第6.3.6条第2款的规定。

6.5.3　单排脚手架过窗洞时应增设立杆或增设一根纵向水平杆(图6.5.2)。

6.5.4　门洞桁架下的两侧立杆应为双管立杆,副立杆高度应高于门洞口1~2步。

6.5.5　门洞桁架中伸出上下弦杆的杆件端头,均应增设一个防滑扣件(图6.5.1),该扣件宜紧靠主节点处的扣件。

6.6　剪刀撑与横向斜撑

6.6.1　双排脚手架应设剪刀撑与横向斜撑,单排脚手架应设置剪刀撑。

6.6.2　单、双排脚手架剪刀撑的设置应符合下列规定:

1.每道剪刀撑跨越立杆的根数应按表6.6.1的规定确定。每道剪刀撑宽度不应小于4跨,且不应小于6 m,斜杆与地面的倾角应为45°~60°。

表6.6.1　剪刀撑跨越立杆的最多根数

剪刀撑斜杆与地面的倾角 $\alpha/(°)$	45	50	60
剪刀撑跨越立杆的最多根数 n	7	6	5

2.剪刀撑斜杆的接长应采用搭接或对接,搭接应符合本规范第6.3.6条第2款的规定。

3.剪刀撑斜杆应用旋转扣件固定在与之相交的横向水平杆的伸出端或立杆上,旋转扣件中心线至主节点的距离不应大于150 mm。

6.6.3　高度在24 m及以上的双排脚手架应在外侧立面连续设置剪刀撑;高度在24 m以下的单、双排脚手架,均必须在外侧两端、转角及中间间隔不超过15 m的立面上,各设置一道剪刀撑,并应由底至顶连续设置(图6.6.1)。

6.6.4　双排脚手架横向斜撑的设置应符合下列规定:

1.横向斜撑应在同一节间,由底至顶层呈之字形连续布置,斜撑的固定应符合本规范第

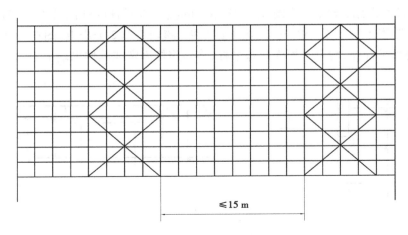

≤15 m

图 6.6.1　剪刀撑布置

6.5.2 条第 2 款的规定。

2.高度在 24 m 以下的封闭型双排脚手架可不设横向斜撑,高度在 24 m 以上的封闭型脚手架,除拐角应设置横向斜撑外,中间应每隔 6 跨距设置一道。

6.6.5　开口型双排脚手架的两端均必须设置横向斜撑。

6.7　斜道

6.7.1　人行并兼作材料运输的斜道的形式宜按下列要求确定:

1.高度不大于 6 m 的脚手架,宜采用一字形斜道。

2.高度大于 6 m 的脚手架,宜采用之字形斜道。

6.7.2　斜道的构造应符合下列规定:

1.斜道应附着外脚手架或建筑物设置。

2.运料斜道宽度不宜小于 1.5 m,坡度不应大于 1∶6,人行斜道宽度不应小于 1 m,坡度不应大于 1∶3。

3.拐弯处应设置平台,其宽度不应小于斜道宽度。

4.斜道两侧及平台外围均应设置栏杆及挡脚板。栏杆高度应为 1.2 m,挡脚板高度不应小于 180 mm。

5.运料斜道两端、平台外围和端部均应按本规范第 6.4.1~6.4.6 条的规定设置连墙件;每两步应加设水平斜杆;应按本规范第 6.6.2~6.6.5 条的规定设置剪刀撑和横向斜撑。

6.7.3　斜道脚手板构造应符合下列规定:

1.脚手板横铺时,应在横向水平杆下增设纵向支托杆,纵向支托杆间距不应大于 500 mm。

2.脚手板顺铺时,接头应采用搭接,下面的板头应压住上面的板头,板头的凸棱外应采用三角木填顺。

3.人行斜道和运料斜道的脚手板上应每隔 250~300 mm 设置一根防滑木条,木条厚度应为 20~30 mm。

6.8　满堂脚手架

6.8.1　常用敞开式满堂脚手架结构的设计尺寸,可按表 6.8.1 采用。

表 6.8.1　常用敞开式满堂脚手架结构的设计尺寸

序号	步距/m	立杆间距/m×m	支架高宽比不大于	下列施工荷载时最大允许高度/m	
				2(kN/m²)	3(kN/m²)
1	1.7~1.8	1.2×1.2	2	17	9
2		1.0×1.0	2	30	24
3		0.9×0.9	2	36	36
4	1.5	1.3×1.3	2	18	9
5		1.2×1.2	2	23	16
6		1.0×1.0	2	36	31
7		0.9×0.9	2	36	36
8	1.2	1.3×1.3	2	20	13
9		1.2×1.2	2	24	19
10		1.0×1.0	2	36	32
11		0.9×0.9	2	36	36
12	0.9	1.0×1.0	2	36	33
13		0.9×0.9	2	36	36

注:1.最少跨数应符合本规范附录 C 表 C1 的规定;

2.脚手板自重标准值取 0.35 kN/m²;

3.场面粗糙度为 B 类,基本风压 $\omega_0 = 0.35$ kN/m²;

4.立杆间距不小于 1.2 m×1.2 m,施工荷载标准值不小于 3 kN/m²。立杆上应增设防滑扣件,防滑扣件应安装牢固,且顶紧立杆与水平杆连接的扣件。

6.8.2　满堂脚手架搭设高度不宜超过 36 m;满堂脚手架施工层不得超过 1 层。

6.8.3　满堂脚手架立杆的构造应符合本规范第 6.3.1~6.3.3 条的规定;立杆接长接头必须采用对接扣件连接。立杆对接扣件布置应符合本规范第 6.3.6 条第 1 款的规定。水平杆的连接应符合本规范第 6.2.1 条第 2 款的有关规定,水平杆长度不宜小于 3 跨。

6.8.4　满堂脚手架应在架体外侧四周及内部纵、横向每 6~8 m 由底至顶设置连续竖向剪刀撑。当架体搭设高度在 8 m 以下时,应在架顶部设置连续水平剪刀撑;当架体搭设高度在 8 m 及以上时,应在架体底部、顶部及竖向间隔不超过 8 m 分别设置连续水平剪刀撑。水平剪刀撑宜在竖向剪刀撑斜杆相交平面设置。剪刀撑宽度应为 6~8 m。

6.8.5　剪刀撑应用旋转扣件固定在与之相交的水平杆或立杆上,旋转扣件中心线至主节点的距离不宜大于 150 mm。

6.8.6　满堂脚手架的高宽比不宜大于 3,当高宽比大于 2 时,应在架体的外侧四周和内部水平间隔6~9 m、竖向间隔4~6 m设置连墙件与建筑结构拉结,当无法设置连墙件时,应采取设置钢丝绳张拉固定等措施。

6.8.7 最少跨度数为2、3跨的满堂脚手架,宜按本规范第6.4节的规定设置连墙件。

6.8.8 当满堂脚手架局部承受集中荷载时,应按实际荷载计算并应局部加固。

6.8.9 满堂脚手架应设爬梯,爬梯踏步间距不得大于300 mm。

6.8.10 满堂脚手架操作层支撑脚手板的水平杆间距不应大于1/2跨距;脚手板的铺设应符合本规范第6.2.4条的规定。

6.9 满堂支撑架

6.9.1 满堂支撑架立杆步距与立杆间距不宜超过本规范规定的上限值,立杆伸出顶层水平杆中心线至支撑点的长度 a 不应超过0.5 m。满堂支撑架搭设高度不宜超过30 m。

6.9.2 满堂支撑架立杆、水平杆的构造要求应符合本规范第6.8.3条的规定。

6.9.3 满堂支撑架应根据架体的类型设置剪刀撑,并应符合下列规定:

1.普通型:

(1)在架体外侧周边及内部纵、横向每5~8 m,应由底至顶设置连续竖向剪刀撑,剪刀撑宽度应为5~8 m(图6.9.1)。

(2)在竖向剪刀撑顶部交点平面应设置连续水平剪刀撑。当支撑高度超过8 m,或施工总荷载大于15 kN/m^2,或集中线荷载大于20 kN/m的支撑架,扫地杆的设置层应设置水平剪刀撑。水平剪刀撑至架体底平面距离与水平剪刀撑间距不宜超过8 m(图6.9.1)。

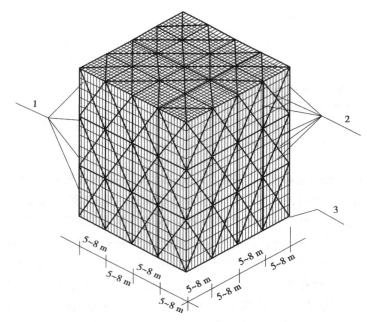

图6.9.1 普通型水平、竖向剪刀撑布置图
1—水平剪刀撑;2—竖向剪刀撑;3—扫地杆设置层

2.加强型：

（1）当立杆纵、横间距为 0.9 m×0.9 m~1.2 m×1.2 m 时,在架体外侧周边及内部纵、横向每 4 跨(且不大于 5 m),应由底至顶设置连续竖向剪刀撑,剪刀撑宽度应为 4 跨。

（2）当立杆纵、横间距为 0.6 m×0.6 m~0.9 m×0.9 m(含 0.6 m×0.6 m,0.9 m×0.9 m)时,在架体外侧周边及内部纵、横向每 5 跨(且不小于 3 m),应由底至顶设置连续竖向剪刀撑,剪刀撑宽度应为 5 跨。

（3）当立杆纵、横间距为 0.4 m×0.4 m~0.6 m×0.6 m(含 0.4 m×0.4 m)时,在架体外侧周边及内部纵、横向每 3~3.2 m 应由底至顶设置连续竖向剪刀撑,剪刀撑宽度应为 3~3.2 m。

（4）在竖向剪刀撑顶部交点平面应设置水平剪刀撑。扫地杆的设置层水平剪刀撑的设置应符合 6.9.3 条第 1 款第 2 项的规定,水平剪刀撑至架体底平面距离与水平剪刀撑间距不宜超过 6 m,剪刀撑宽度应为 3~5 m(图 6.9.2)。

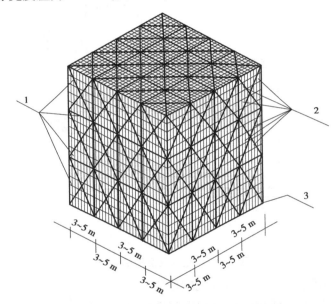

图 6.9.2　加强型水平、竖向剪刀撑布置图
1—水平剪刀撑;2—竖向剪刀撑;3—扫地杆设置层

6.9.4　竖向剪刀撑斜杆与地面的倾角应为 45°~60°,水平剪刀撑与支架纵(或横)向夹角应为 45°~60°,剪刀撑斜杆的接长应符合本规范第 6.3.6 条的规定。

6.9.5　剪刀撑的固定应符合本规范第 6.8.5 条的规定。

6.9.6　满堂支撑架的可调底座、可调托撑螺杆伸出长度不宜超过 300 mm,插入立杆内的长度不得小于 150 mm。

6.9.7　当满堂支撑架高宽比不满足本规范的规定(高宽比大于 2 或 2.5)时,满堂支撑架应在支架四周和中部与结构柱进行刚性连接,连墙件水平间距应为 6~9 m,竖向间距应为 2~3 m。在无结构柱部位应采取预埋钢管等措施与建筑结构进行刚性连接,在有空间部位,满堂支撑架宜超出顶部加载区投影范围向外延伸布置 2~3 跨。支撑架高宽比不应大于 3。

6.10 型钢悬挑脚手架

6.10.1 一次悬挑脚手架高度不宜超过 20 m。

6.10.2 型钢悬挑梁宜采用双轴对称截面的型钢。悬挑钢梁型号及锚固件应按设计确定,钢梁截面高度不应小于 160 mm。悬挑梁尾端应在两处及以上固定于钢筋混凝土梁板结构上。锚固型钢悬挑梁的 U 形钢筋拉环或锚固螺栓直径不宜小于 16 mm(图 6.10.1)。

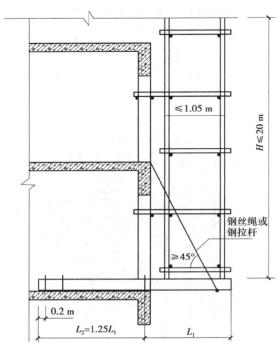

图 6.10.1 型钢悬挑脚手架构造

6.10.3 用于锚固的 U 形钢筋拉环或螺栓应采用冷弯成型。U 形钢筋拉环、锚固螺栓与型钢间隙应用钢楔或硬木楔楔紧。

6.10.4 每个型钢悬挑梁外端宜设置钢丝绳或钢拉杆与上一层建筑结构斜拉结。钢丝绳、钢拉杆不参与悬挑钢梁受力计算;钢丝绳与建筑结构拉结的吊环应使用 HPB235 级钢筋,其直径不宜小于 20 mm,吊环预埋锚固长度应符合现行国家标准《混凝土结构设计规范》(GB 50010—2010)中钢筋锚固的规定(图 6.10.1)。

6.10.5 悬挑梁悬挑长度按设计确定。固定段长度不应小于悬挑段长度的 1.25 倍。型钢悬挑梁固定端应采用 2 个(对)及以上 U 形钢筋拉环或锚固螺栓

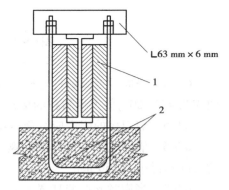

图 6.10.2 悬挑钢梁 U 形螺栓固定构造
1—木楔侧向楔紧;2—两根长 1.5 m,
直径 18 mm 的 HRB235 钢筋

与建筑结构梁板固定,U 形钢筋拉环或锚固螺栓应预埋至混凝土梁、板底层钢筋位置,并应与混凝土梁、板底层钢筋焊接或绑扎牢固,其锚固长度应符合现行国家标准《混凝土结构设

计规范》(GB 50010—2010)中钢筋锚固的规定(图 6.10.2 至图 6.10.4)。

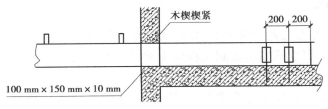

图 6.10.3　悬挑钢梁穿墙构造

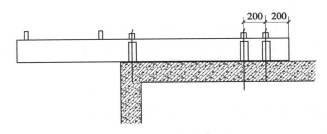

图 6.10.4　悬挑钢梁楼面构造

6.10.6　当型钢悬挑梁与建筑结构采用螺栓钢压板连接固定时,钢压板尺寸不应小于 100 mm×10 mm(宽×厚);当采用螺栓角钢压板连接时,角钢规格不应小于 63 mm×63 mm× 6 mm。

6.10.7　型钢悬挑梁悬挑端应设置能使脚手架立杆与钢梁可靠固定的定位点,定位点离悬挑梁端部不应小于 100 mm。

6.10.8　锚固位置设置在楼板上时,楼板的厚度不宜小于 120 mm。如果楼板的厚度小于 120 mm 应采取加固措施。

6.10.9　悬挑梁间距应按悬挑架架体立杆纵距设置,每一纵距设置一根。

6.10.10　悬挑架的外立面剪刀撑应自下而上连续设置。剪刀撑设置应符合本规范第 6.6.2条的规定,横向斜撑设置应符合本规范第 6.6.5 条的规定。

6.10.11　连墙件设置应符合本规范第 6.4 节的规定。

6.10.12　锚固型钢的主体结构混凝土强度等级不得低于 C20。

7　施　工

7.1　施工准备

7.1.1　脚手架搭设前,应按专项施工方案向施工人员进行交底。

7.1.2　应按本规范的规定和脚手架专项施工方案要求对钢管、扣件、脚手板、可调托撑等进行检查验收,不合格产品不得使用。

7.1.3　经检验合格的构配件应按品种、规格分类,堆放整齐、平稳,堆放场地不得有积水。

7.1.4　应清除搭设场地杂物,平整搭设场地,并使排水畅通。

7.2　地基与基础

7.2.1　脚手架地基与基础的施工,必须根据脚手架所受荷载、搭设高度、搭设场地土质情况与现行国家标准《建筑地基基础工程施工质量验收规范》(GB 50202—2013)的有关规定进行。

7.2.2　压实填土地基应符合现行国家标准《建筑地基基础设计规范》(GB 50007—2011)的相关规定;灰土地基应符合现行国家标准《建筑地基基础工程施工质量验收规范》(GB 50202—2013)的相关规定。

7.2.3　立杆垫板或底座底面标高宜高于自然地坪 50~100 mm。

7.2.4　脚手架基础经验收合格后,应按施工组织设计或专项方案的要求放线定位。

7.3　搭设

7.3.1　单、双排脚手架必须配合施工进度搭设,一次搭设高度不应超过相邻连墙件以上两步;如果超过相邻连墙件以上两步,无法设置连墙件时,应采取撑拉固定等措施与建筑结构拉结。

7.3.2　每搭完一步脚手架后,应按本规范表 8.2.4 的规定校正步距、纵距、横距及立杆的垂直度。

7.3.3　底座安放应符合下列规定:

1.底座、垫板均应准确地放在定位线上。

2.垫板宜采用长度不少于 2 跨、厚度不小于 50 mm、宽度不小于 200 mm 的木垫板。

7.3.4　立杆搭设应符合下列规定:

1.相邻立杆的对接连接应符合本规范第 6.3.6 条的规定。

2.脚手架开始搭设立杆时,应每隔 6 跨设置一根抛撑,直至连墙件安装稳定后,方可根据情况拆除。

3.当架体搭设至有连墙件的主节点时,在搭设完该处的立杆、纵向水平杆、横向水平杆后,应立即设置连墙件。

7.3.5　脚手架纵向水平杆的搭设应符合下列规定:

1.脚手架纵向水平杆应随立杆按步搭设,并应采用直角扣件与立杆固定。

2.纵向水平杆的搭设应符合本规范第 6.2.1 条的规定。

3.在封闭型脚手架的同一步中,纵向水平杆应四周交圈设置,并应用直角扣件与内外角部立杆固定。

7.3.6　脚手架横向水平杆搭设应符合下列规定:

1.搭设横向水平杆应符合本规范第 6.2.2 条的规定。

2.双排脚手架横向水平杆的靠墙一端至墙装饰面的距离不应大于 100 mm。

3.单排脚手架的横向水平杆不应设置在下列部位:

1)设计上不允许留脚手眼的部位。

2)过梁上与过梁两端成 60°的三角形范围内及过梁净跨度 1/2 的高度范围内。

3）宽度小于 1 m 的窗间墙。

4）梁或梁垫下及其两侧各 500 mm 的范围内。

5）砖砌体的门窗洞口两侧 200 mm 和转角处 450 mm 的范围内;其他砌体的门窗洞口两侧 300 mm 和转角处 600 mm 的范围内。

6）墙体厚度小于或等于 180 mm。

7）独立或附墙砖柱,空斗砖墙、加气块墙等轻质墙体。

8）砌筑砂浆强度等级小于或等于 M2.5 的砖墙。

7.3.7　脚手架纵向、横向扫地杆搭设应符合本规范第 6.3.2 条、第 6.3.3 条的规定。

7.3.8　脚手架连墙件安装应符合下列规定:

1.连墙件的安装应随脚手架搭设同步进行,不得滞后安装。

2.当单、双排脚手架施工操作层高出相邻连墙件以上两步时,应采取确保脚手架稳定的临时拉结措施,直到上一层连墙件安装完毕后再根据情况拆除。

7.3.9　脚手架剪刀撑与单、双排脚手架横向斜撑应随立杆、纵向和横向水平杆等同步搭设,不得滞后安装。

7.3.10　脚手架门洞搭设应符合本规范第 6.5 节的规定。

7.3.11　扣件安装应符合下列规定:

1.扣件规格应与钢管外径相同。

2.螺栓拧紧扭力矩不应小于 40 N·m,且不应大于 65 N·m。

3.在主节点处固定横向水平杆、纵向水平杆、剪刀撑、横向斜撑等用的直角扣件、旋转扣件的中心点的相互距离不应大于 150 mm。

4.对接扣件开口应朝上或朝内。

5.各杆件端头伸出扣件盖板边缘长度不应小于 100 mm。

7.3.12　作业层、斜道的栏杆和挡脚板的搭设应符合下列规定(图 7.3.1):

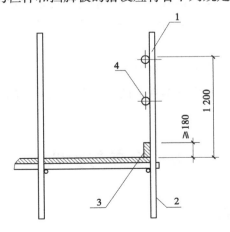

图 7.3.1　栏杆与挡脚板构造
1—上栏杆;2—外立杆;3—挡脚板;4—中栏杆

1.栏杆和挡脚板均应搭设在外立杆的内侧。

2.上栏杆上皮高度应为 1.2 m。

3.挡脚板高度不应小于 180 mm。

4.中栏杆应居中设置。

7.3.13　脚手板的铺设应符合下列规定：

1.脚手板应铺满、铺稳，离墙面的距离不应大于 150 mm。

2.采用对接或搭接时均应符合本规范第 6.2.4 条的规定；脚手板探头应用直径 3.2 mm 的镀锌钢丝固定在支承杆件上。

3.在拐角、斜道平台口处的脚手板，应用镀锌钢丝固定在横向水平杆上，防止滑动。

7.4　拆除

7.4.1　脚手架拆除应按专项方案施工，拆除前应做好下列准备工作：

1.应全面检查脚手架的扣件连接、连墙件、支撑体系等是否符合构造要求。

2.应根据检查结果补充完善施工脚手架专项方案中的拆除顺序和措施，经审批后方可实施。

3.拆除前应对施工人员进行交底。

4.应清除脚手架上杂物及地面障碍物。

7.4.2　单、双排脚手架拆除作业必须由上而下逐层进行，严禁上下同时作业；连墙件必须随脚手架逐层拆除，严禁先将连墙件整层或数层拆除后再拆脚手架；分段拆除高差大于两步时，应增设连墙件加固。

7.4.3　当脚手架拆至下部最后一根长立杆的高度（约 6.5 m）时，应先在适当位置搭设临时抛撑加固后，再拆除连墙件。当单、双排脚手架采取分段、分立面拆除时，对不拆除的脚手架两端，应先按本规范第 6.4.4 条、第 6.6.5 条的有关规定设置连墙件和横向斜撑加固。

7.4.4　架体拆除作业应设专人指挥，当有多人同时操作时，应明确分工、统一行动，且应具有足够的操作面。

7.4.5　卸料时各构配件严禁抛掷至地面。

7.4.6　运至地面的构配件应按本规范的规定及时检查、整修与保养，并应按品种、规格分别存放。

8　检查与验收

8.1　构配件检查与验收

8.1.1　新钢管的检查应符合下列规定：

1.应有产品质量合格证。

2.应有质量检验报告，钢管材质检验方法应符合现行国家标准《金属材料　室温拉伸试验方法》(GB/T 228—2008)的有关规定,其质量应符合本规范第3.1.1条的规定。

3.钢管表面应平直光滑,不应有裂缝、结疤、分层、错位、硬弯、毛刺、压痕和深的划道。

4.钢管外径、壁厚、端面等的偏差,应分别符合本规范表8.1.1的规定。

5.钢管应涂有防锈漆。

8.1.2 旧钢管的检查应符合下列规定:

1.表面锈蚀深度应符合本规范表8.1.1序号3的规定。锈蚀检查应每年一次。检查时,应在锈蚀严重的钢管中抽取3根,在每根锈蚀严重的部位横向截断取样检查,当锈蚀深度超过规定值时不得使用。

2.钢管弯曲变形应符合本规范表8.1.1序号4的规定。

8.1.3 扣件验收应符合下列规定:

1.扣件应有生产许可证、法定检测单位的测试报告和产品质量合格证。当对扣件质量有怀疑时,应按现行国家标准《钢管脚手架扣件》(GB 15831—2006)的规定抽样检测。

2.新、旧扣件均应进行防锈处理。

3.扣件的技术要求应符合现行国家标准《钢管脚手架扣件》(GB 15831—2006)的相关规定。

8.1.4 扣件进入施工现场应检查产品合格证,并应进行抽样复试,技术性能应符合现行国家标准《钢管脚手架扣件》(GB 15831—2006)的规定。扣件在使用前应逐个挑选,有裂缝、变形、螺栓出现滑丝的严禁使用。

8.1.5 脚手板的检查应符合下列规定:

1.冲压钢脚手板的检查应符合下列规定:

1)新脚手板应有产品质量合格证。

2)尺寸偏差应符合本规范表8.1.1序号5的规定,且不得有裂纹、开焊与硬弯。

3)新、旧脚手板均应涂防锈漆。

4)应有防滑措施。

2.木脚手板、竹脚手板的检查应符合下列规定:

1)木脚手板的质量应符合本规范第3.3.3条的规定,宽度、厚度允许偏差应符合现行国家标准《木结构工程施工质量验收规范》(GB 50206—2012)的规定;不得使用扭曲变形、劈裂、腐朽的脚手板。

2)竹笆脚手板、竹串片脚手板的材料应符合本规范第3.3.4条的规定。

8.1.6 悬挑脚手架用型钢的质量应符合本规范第3.5.1条的规定,并应符合现行国家标准《钢结构工程施工质量验收规范》(GB 50205—2012)的有关规定。

8.1.7 可调托撑的检查应符合下列规定:

1.应有产品质量合格证,其质量应符合本规范第3.4节的规定。

2.应有质量检验报告,可调托撑抗压承载力应符合本规范第5.1.7条的规定。

3.可调托撑支托板厚不应小于5 mm,变形不应大于1 mm。

4.严禁使用有裂缝的支托板、螺母。

8.1.8 构配件的偏差应符合表 8.1.1 的规定。

表 8.1.1 构配件的允许偏差

序号	项 目	允许偏差 Δ/mm	示意图	检查工具
1	焊接钢管尺寸 外径 48.3 mm 壁厚 3.6 mm	±0.5 ±0.36		游标卡尺
2	钢管两端面切斜偏差	1.7		塞尺、 拐角尺
3	钢管外表面锈蚀深度	≤0.18		游标卡尺
4	钢管弯曲 ①各种杆件钢管的 端部弯曲 l≤1.5 m	≤5		钢板尺
	②立杆钢管弯曲 3 m<l≤4 m 4 m<l≤6.5 m	≤12 ≤20		
	③水平杆、斜杆的 钢管弯曲 l≤6.5 m	≤30		
5	冲压钢脚手板 ①板面挠曲 l≤4 m l>4 m	≤12 ≤16		钢板尺
	②板面扭曲 (任一角翘起)	≤5		
6	可调托撑支托变形	1.0		钢板尺 塞尺

8.2　脚手架检查与验收

8.2.1　脚手架及其地基基础应在下列阶段进行检查与验收：

1.基础完工后及脚手架搭设前。

2.作业层上施加荷载前。

3.每搭设完 6~8 m 高度后。

4.达到设计高度后。

5.遇有六级强风及以上风或大雨后；冻结地区解冻后。

6.停用超过一个月。

8.2.2　应根据下列技术文件进行脚手架检查、验收：

1.本规范第 8.2.3~8.2.5 条的规定。

2.专项施工方案及变更文件。

3.技术交底文件。

4.构配件质量检查表。

8.2.3　脚手架使用中,应定期检查下列要求内容：

1.杆件的设置和连接,连墙件、支撑、门洞桁架等的构造应符合本规范和专项施工方案要求。

2.地基应无积水,底座应无松动,立杆应无悬空。

3.扣件螺栓应无松动。

4.高度在 24 m 以上的双排、满堂脚手架,其立杆的沉降与垂直度的偏差应符合本规范表 8.2.1 项次 1、2 的规定；高度在 20 m 以上的满堂支撑架,其立杆的沉降与垂直度的偏差应符合本规范表 8.2.1 项次 1、3 的规定。

5.安全防护措施应符合本规范要求。

6.应无超载使用。

8.2.4　脚手架搭设的技术要求、允许偏差与检验方法,应符合表 8.2.1 的规定。

表 8.2.1　脚手架搭设的技术要求、允许偏差与检验方法

项次	项　目		技术要求	允许偏差 Δ/mm	示意图	检查方法与工具
1	地基基础	表面	坚实平整	—	—	观察
		排水	不积水			
		垫板	不晃动			
		底座	不滑动	−10		
			不沉降			

续表

项次	项目		技术要求	允许偏差 Δ/mm	示意图	检查方法与工具
2	单、双排与满堂脚手架立杆垂直度	最后验收立杆垂直度（20~50）m	—	±100		用经纬仪或吊线和卷尺

下列脚手架允许水平偏差/mm

搭设中检查偏差的高度/m	总高度		
	50 m	40 m	20 m
$H=2$	±7	±7	±7
$H=10$	±20	±25	±50
$H=20$	±40	±50	±100
$H=30$	±60	±75	
$H=40$	±80	±100	
$H=50$	±100		

中间档次用插入法

项次	项目		技术要求	允许偏差 Δ/mm	检查方法与工具
3	满堂支撑架立杆垂直度	最后验收垂直度 30 m	—	±90	用经纬仪或吊线和卷尺

下列满堂支撑架允许水平偏差/mm

搭设中检查偏差的高度/m	总高度
	30 m
$H=2$	±7
$H=10$	±30
$H=20$	±60
$H=30$	±90

中间档次用插入法

项次	项目	技术要求	允许偏差 Δ/mm	检查方法与工具
4	单、双排满堂脚手架间距	步距 —	±20	钢板尺
		纵距 —	±50	
		横距 —	±20	

项次	项 目		技术要求	允许偏差 Δ/mm	示意图	检查方法与工具
5	满堂支撑架间距	步距 立杆间距	— —	±20 ±30	—	钢板尺
6	纵向水平杆高差	一根杆的两端	—	±20		水平仪或水平尺
		同跨内两根纵向水平杆高差	—	±10		
7	剪刀撑斜杆与地面的倾角		45°~60°		—	角尺
8	脚手板外伸长度	对接	$a = 130 \sim 150$ mm $l \leqslant 300$ mm			卷尺
		搭接	$a \geqslant 100$ mm $l \geqslant 200$ mm			卷尺

续表

项次	项　目		技术要求	允许偏差 Δ/mm	示意图	检查方法与工具
9	扣件安装	主节点处各扣件中心点之间距离	$a \leq 150$ mm	—	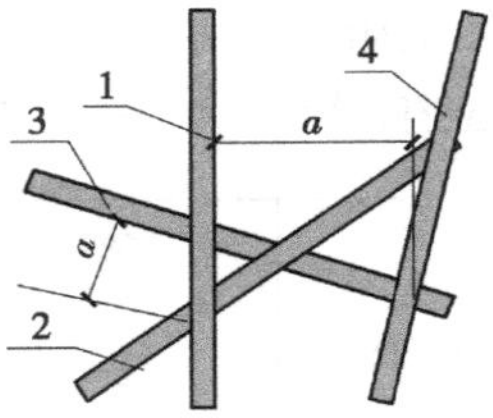	钢板尺
		同步立杆上两个相隔对接扣件的高差	$a \leq 500$ mm	—	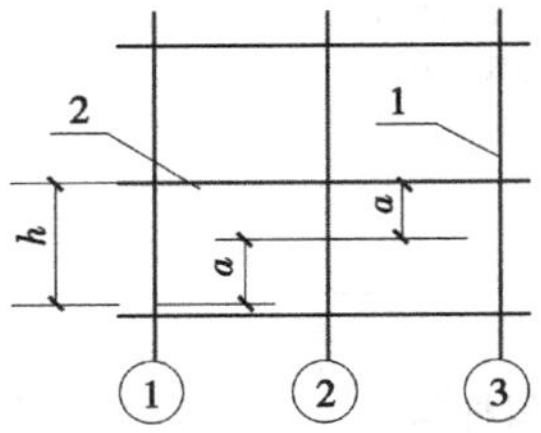	钢卷尺
		立杆上的对接扣件至主节点的距离	$a \leq h/3$			
		纵向水平杆上的对接扣件至主节点的距离	$a \leq l_a/3$	—	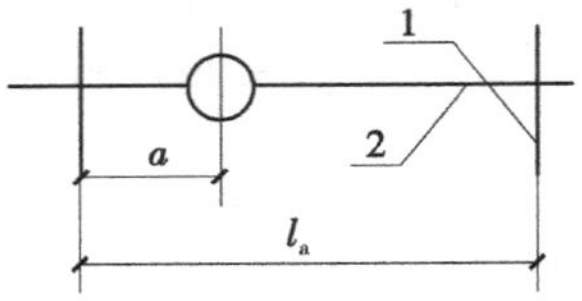	钢卷尺
		扣件螺栓拧紧扭力矩	$(40 \sim 65)$ N·m	—	—	扭力扳手

注:图中 1—立杆;2—纵向水平杆;3—横向水平杆;4—剪刀撑。

　　8.2.5　安装后的扣件螺栓拧紧扭力矩应采用扭力扳手检查,抽样方法应按随机分布原则进行。抽样检查数目与质量判定标准,应按表 8.2.2 的规定确定。不合格的应重新拧紧至合格。

表 8.2.2 扣件拧紧抽样检查数目及质量判定标准

项 次	检查项目	安装扣件数量/个	抽查数量/个	允许的不合格数/个
1	连接立杆与纵（横）向水平杆或剪刀撑的扣件；接长立杆、纵向水平杆或剪刀撑的扣件	51~90	5	0
		91~150	8	1
		151~280	13	1
		281~500	20	2
		501~1 200	32	3
		1 201~3 200	50	5
2	连接横向水平杆与纵向水平杆的扣件（非主节点处）	51~90	5	1
		91~150	8	2
		151~280	13	3
		281~500	20	5
		501~1 200	32	7
		1 201~3 200	50	10

9 安全管理

9.0.1 扣件钢管脚手架安装与拆除人员必须是经考核合格的专业架子工。架子工应持证上岗。

9.0.2 搭拆脚手架人员必须戴安全帽、系安全带、穿防滑鞋。

9.0.3 脚手架的构配件质量与搭设质量,应按本规范第 8 章的规定进行检查验收,并应确认合格后使用。

9.0.4 钢管上严禁打孔。

9.0.5 作业层上的施工荷载应符合设计要求,不得超载。不得将模板支架、缆风绳、泵送混凝土和砂浆的输送管等固定在架体上;严禁悬挂起重设备,严禁拆除或移动架体上安全防护设施。

9.0.6 满堂支撑架在使用过程中,应设有专人监护施工,当出现异常情况时,应停止施工,并应迅速撤离作业面上人员。应在采取确保安全的措施后,查明原因、作出判断和处理。

9.0.7 满堂支撑架顶部的实际荷载不得超过设计规定。

9.0.8 当有六级强风及以上风、浓雾、雨或雪天气时应停止脚手架搭设与拆除作业。雨、雪后上架作业应有防滑措施,并应扫除积雪。

9.0.9 夜间不宜进行脚手架搭设与拆除作业。

9.0.10　脚手架的安全检查与维护，应按本规范第8.2节的规定进行。

9.0.11　脚手架应铺设牢靠、严实，并应用安全网双层兜底。施工层以下每隔10 m应用安全网封闭。

9.0.12　单、双排脚手架、悬挑式脚手架沿墙体外围应用密目式安全网全封闭，密目式安全网宜设置在脚手架外立杆的内侧，并应与架体绑扎牢固。

9.0.13　在脚手架使用期间，严禁拆除下列杆件：

1.主节点处的纵、横向水平杆，纵、横向扫地杆。

2.连墙件。

9.0.14　当在脚手架使用过程中开挖脚手架基础下的设备基础或管沟时，必须对脚手架采取加固措施。

9.0.15　满堂脚手架与满堂支撑架在安装过程中，应采取防倾覆的临时固定措施。

9.0.16　临街搭设脚手架时，外侧应有防止坠物伤人的防护措施。

9.0.17　在脚手架上进行电、气焊作业时，应有防火措施和专人看守。

9.0.18　工地临时用电线路的架设及脚手架接地、避雷措施等，应按现行行业标准《施工现场临时用电安全技术规范》(JGJ 46—2012)的有关规定执行。

9.0.19　搭拆脚手架时，地面应设围栏和警戒标志，并应派专人看守，严禁非操作人员入内。

附　录

附录 1.1　中级架子工理论考试试卷

一、单项选择题(第 1~80 题,选择一个正确的答案,将相应的字母填入题内的括号中,每题 1 分,共 80 分)

1.在国际计量单位制中,力的单位是(　　　)。

　　A.N　　　　　　　　B.m　　　　　　　　C.kg　　　　　　　　D.t

2.在力学中,用(　　　)物理量作为度量力偶转动效应。

　　A.力的大小　　　　　　　　　　　　B.力偶矩

　　C.作用效果　　　　　　　　　　　　D.力的作用点

3.力是矢量,力的合成与分解都遵循(　　　)。

　　A.三角形法则　　　　　　　　　　　B.圆形法则

　　C.平行四边形法则　　　　　　　　　D.多边形法则

4.当力的大小等于零,或力的作用线通过矩心(力臂 $d=0$)时,力矩为(　　　)。

　　A.大于零　　　　　　　　　　　　　B.等于零

　　C.小于零　　　　　　　　　　　　　D.不确定

5.立杆是组成脚手架的主体构件,主要是承受(　　　),同时也是受弯杆件,是脚手架结构的支柱。

　　A.拉力　　　　　　　　B.压力　　　　　　　　C.剪力　　　　　　　　D.扭矩

6.在建筑工程施工图中,凡是主要的承重构件如墙、柱、梁的位置都要用(　　　)来定位。

　　A.粗线　　　　　　　　B.细线　　　　　　　　C.虚线　　　　　　　　D.轴线

7.《建筑制图标准》(GB 50001—2010)规定,尺寸单位除总平面图和标高以米(m)为单位外,其余均用(　　　)为单位。

　　A.dm　　　　　　　　B.cm　　　　　　　　C.mm　　　　　　　　D.μm

8.搭设高度( )及以上落地式钢管脚手架工程需要专家论证。

    A.20 m   B.30 m   C.40 m   D.50 m

9.架体高度( )及以上悬挑式脚手架工程需要专家论证。

    A.20 m   B.30 m   C.40 m   D.50 m

10.混凝土模板支撑搭设高度( )及以上时需要专家论证。

    A.4 m   B.6 m   C.8 m   D.10 m

11.混凝土模板支撑搭设跨度( )及以上,施工总荷载 15 kN/m² 及以上或集中线荷载 20 kN/m² 及以上时需要专家论证。

    A.15 m   B.16 m   C.17 m   D.18 m

12.专项方案应当由施工单位技术部门组织本单位施工技术、安全、质量等部门的专业技术人员进行审核。经审核合格的,由( )签字。

    A.建设单位技术负责人   B.施工单位技术负责人

    C.监理单位技术负责人   D.建设局技术负责人

13.无论采用何种材料,每张安全平网的质量一般不宜超过 15 kg,并要能承受( )的冲击力。

    A.400 N   B.600 N

    C.800 N   D.1 000 N

14.安全平网应按水平方向架设。进行水平防护时必须采用平网,不得用立网代替平网。安全平网至少挂设( )道。

    A.2   B.3   C.4   D.5

15.安全平网挂设时不宜绷得过紧,与下方物体表面的最小距离应不小于( )。

    A.3   B.4   C.5   D.6

16.挡脚板高度不应小于( )mm。

    A.120   B.150   C.180   D.200

17.首次取得证书的人员实习操作不得少于( )个月;否则,不得独立上岗作业。

    A.2   B.3   C.4   D.5

18.焊接底座一般用厚度不小于( )mm,边长为 150~200 mm 的钢板,上焊高度不小于 150 mm 的钢管。

    A.3   B.5   C.6   D.8

19.焊接底座用边长 150~200 mm 的钢板,上焊高度不小于( )mm 的钢管。

    A.120   B.130   C.150   D.180

20.木垫板宽度不小于 200 mm,厚度不小于 50 mm,平行于建筑物铺设时垫板长度应不少于( )跨。

    A.1   B.2   C.3   D.4

21.用于立杆、纵向水平杆和剪刀撑的钢管长度以( )m 为宜。

    A.2.2   B.2.2~4.5   C.3.5~7   D.4~6.5

22.脚手架底座底面标高宜高于自然地坪( )mm。

    A.50   B.70   C.80   D.100

23.钢管扣件脚手架立杆应均匀设置,通常其纵向间距不大于(　　)m,并应符合设计要求。

  A.1　　　　　　B.2　　　　　　C.3　　　　　　D.4

24.两根相邻立杆的接头不应设置在同步内,同步内隔一根立杆的两个相隔接头在高度方向错开的距离不宜小于(　　)mm。

  A.200　　　　　B.300　　　　　C.500　　　　　D.800

25.纵向水平杆步距,底层不得大于2 m,其他不宜大于(　　)m。

  A.1.5　　　　　B.1.6　　　　　C.1.7　　　　　D.1.8

26.主节点处两个直角扣件的中心距不应大于(　　)mm。

  A.180　　　　　B.150　　　　　C.120　　　　　D.100

27.纵向扫地杆应采用直角扣件固定在距底座上皮不大于(　　)mm处的立杆上。

  A.120　　　　　B.150　　　　　C.180　　　　　D.200

28.每道剪刀撑宽度不应小于(　　)跨,且不应小于(　　)m,斜杆与地面的倾角宜为45°～60°,各底层斜杆下端均应支承在垫块或垫板上。

  A.2,3　　　　　B.3,5　　　　　C.4,6　　　　　D.5,7

29.连墙件宜靠近主节点设置,偏离主节点的距离不应大于(　　)mm。

  A.100　　　　　B.300　　　　　C.500　　　　　D.700

30.脚手架一次搭设的高度不应超过相邻连墙件以上(　　)步。

  A.1　　　　　　B.2　　　　　　C.3　　　　　　D.4

31.钢管扣件脚手架搭设高(　　)步以上时随施工进度,逐步加设剪刀撑。

  A.7　　　　　　B.8　　　　　　C.9　　　　　　D.10

32.悬挑式脚手架一般是多层悬挑,将全高的脚手架分成若干段,利用悬挑梁或悬挑架作脚手架基础分段搭设,每段搭设高度不宜超过(　　)m。

  A.15　　　　　B.18　　　　　C.20　　　　　D.24

33.悬挑式脚手架悬挑梁应采用(　　)号以上型钢,悬挑梁尾端应在两处以上使用ϕ16 mm以上圆钢锚固在钢筋混凝土楼板上,楼板厚度不低于120 mm。

  A.10　　　　　B.12　　　　　C.14　　　　　D.16

34.悬挑式脚手架悬挑梁悬出部分不宜超过(　　)m,放置在楼板上的型钢长度应为悬挑部分的(　　)倍。

  A.2,1.25　　　B.2.2,1.8　　　C.2.3,1.9　　　D.2.5,2.0

35.调节门架主要用于调节门架的(　　)。

  A.竖向高度　　　B.宽度　　　　　C.倾斜程度　　　D.变形程度

36.底座抗压强度应不小于(　　)kN。

  A.60　　　　　　B.75　　　　　C.40　　　　　　D.80

37.门式钢管脚手架的外观质量,钢管应平直,平直度允许偏差为管长的(　　)。

  A.1/50　　　　　B.1/500　　　　C.1/400　　　　D.1/40

38.上下榀门架立杆应在同一轴线位置上,轴线偏差不应大于(　　)mm。

  A.1　　　　　　B.2　　　　　　C.3　　　　　　D.4

39.脚手架顶端宜高出女儿墙上皮( )m,高出檐口上皮( )m。

　　A.0.5,2.0　　　　　B.1,1　　　　　　C.2,1.5　　　　　　D.1,1.5

40.冲压钢板脚手板的厚度不应小于( )mm。

　　A.1　　　　　　　　B.1.2　　　　　　C.1.5　　　　　　　D.2

41.扣件螺栓拧紧扭力矩宜为 50~60 N·m,不得小于( )N·m。

　　A.40　　　　　　　　B.50　　　　　　C.55　　　　　　　D.60

42.门式脚手架的整体垂直度允许偏差在脚手架高度的 1/600 内,且不超过( )mm。

　　A.±30　　　　　　　B.±40　　　　　C.±50　　　　　　　D.±60

43.( )是碗扣钢筋脚手架的核心部件。

　　A.立杆　　　　　　　B.横杆　　　　　C.碗扣接头　　　　　D.定位销

44.可调底座底板的钢板厚度不得小于( )mm,可调托撑钢板厚度不得小于( )mm。

　　A.5,6　　　　　　　B.7,8　　　　　　C.6,5　　　　　　　D.8,7

45.碗扣式脚手架的底座抗压强度( )kN。

　　A.≥40　　　　　　　B.≥60　　　　　C.≤80　　　　　　　D.≥100

46.碗扣式脚手架的杆件采用 Q235A 钢制品,其规格为( )mm。

　　A.φ10　　　　　　　　　　　　　　　B.φ48×3.5

　　C.φ24×3.5　　　　　　　　　　　　　D.φ24×4.5

47.碗扣式脚手架的立杆连接销是立杆竖向接长连接的专用销子,其直径为( )mm,其理论质量为 0.18 kg。

　　A.10　　　　　　　　B.8　　　　　　　C.6　　　　　　　　D.12

48.碗扣式脚手架内立杆与建筑物距离应不大于( )mm。

　　A.120　　　　　　　B.150　　　　　　C.180　　　　　　　D.200

49.当碗扣式脚手架高度大于 24 m 时,每隔( )跨应设置一组竖向通高斜杆。

　　A.1　　　　　　　　B.2　　　　　　　C.3　　　　　　　　D.4

50.碗扣式脚手架应随建筑物升高而随时设置,并应高于作业面( )m。

　　A.1　　　　　　　　B.1.5　　　　　　C.2　　　　　　　　D.2.5

51.碗扣式脚手架搭设组装顺序正确的是( )。

　　A.立杆底座→立杆→横杆→接头锁紧→斜杆→连墙体→上层链接销→横杆

　　B.立杆底座→立杆→斜杆→横杆→连墙体→上层链接销→接头锁紧→横杆

　　C.立杆底座→立杆→横杆→连墙体→斜杆→接头锁紧→横杆→上层链接销

　　D.立杆底座→立杆→横杆→斜杆→连墙件→接头锁紧→上层立杆→立杆连接销→
　　　横杆

52.当碗扣式脚手架搭设长度为 L 时,底层水平框架的纵向直线应( );横杆间水平度应( )。

　　A.≤L/200,≤L/400　　　　　　　　　　B.≤L/400,≤L/1 200

　　C.≤L/200,≤L/300　　　　　　　　　　D.≤L/300,≤L/200

53.模板工程是(　　)施工的重要组成部分。

　　A.混凝土结构　　　　　　　　　　　　B.框架和框剪结构

　　C.板墙结构　　　　　　　　　　　　　D.框筒结构

54.模板支架立柱间距通常为(　　)。

　　A.0.4~0.8　　　　B.0.8~1.2　　　　C.1.0~1.4　　　　D.0.5~0.8

55.主楞直接将力传递给立柱结构,力的传递路径为(　　)。

　　A.混凝土、钢筋、施工荷载等荷载传递给模板面层板→次楞→主楞→顶托→立柱→底座→垫板→基础

　　B.混凝土、钢筋、施工荷载等荷载传递给模板面层板→次楞→横杆→扣件→立柱→底座→垫板→基础

　　C.混凝土、钢筋、施工荷载等荷载传递给模板面层板→主楞→顶托→立柱→垫板→底座→基础

　　D.混凝土、钢筋、施工荷载等荷载传递给模板面层板→主楞→顶托→立柱→扣件→底座→垫板→基础

56.门式架的主立柱采用(　　)mm薄壁钢管。

　　A.ϕ32.8×2.2　　B.ϕ27.2×1.9　　C.ϕ42.7×2.4　　D.ϕ36.2×2.6

57.当建筑层高度小于8 m时,在模板支架外侧周围应设由下至上的竖向(　　)。

　　A.连续式剪刀撑　　B.可调托撑　　C.三字斜撑　　　　D.剪刀撑

58.(　　)的作用是直接支撑楞式托撑的受压杆件。

　　A.可调托撑　　　　B.底座　　　　C.垫板　　　　　　D.立杆

59.桁架梁的高度宜为桁架跨越的(　　)。

　　A.1/6~1/4　　　　B.1/4~1/2　　　　C.1/5~1/3　　　　D.1/8~1/6

60.模板支架系统的受力主要分为(　　)形式。

　　A.1 种　　　　　　B.2 种　　　　　　C.3 种　　　　　　D.4 种

61.木立柱宜选用木料,当长度不足选用方木时,(　　)。

　　A.接头不宜超过1个,并用对接夹板接头方式

　　B.接头不宜超过2个,并采用扣件与立柱扣牢方式

　　C.接头不宜超过3个,并采用对接夹板接头方式

　　D.接头不宜超过4个,并采用扣件与立柱扣牢方式

62.脚手架或操作平台上临时堆放的模板不宜超过(　　)层。

　　A.1　　　　　　　　B.2　　　　　　　　C.3　　　　　　　　D.4

63.脚手架必须配合施工进度搭设,一次搭设高度不应超过相邻连墙件以上(　　)步。

　　A.1　　　　　　　　B.2　　　　　　　　C.3　　　　　　　　D.4

64.单排扣件式钢管脚手架用于砌筑工程搭设中,操作层小横杆间距应不大于(　　)mm。

　　A.600　　　　　　B.1 000　　　　　　C.1 500　　　　　　D.1 200

65.脚手板搭接铺设时,接头必须支在横向水平杆上,搭接长度和伸出横向水平杆的长度应分别为(　　)。

A.大于 200 mm 和不小于 100 mm   B.大于 80 mm 和不小于 50 mm

C.大于 40 mm 和不小于 200 mm   D.大于 10 mm 和不小于 50 mm

66.连墙件必须（　　）。

 A.采用可承受压力的构造   B.采用可承受拉力的构造

 C.采用可承受压力和拉力的构造   D.采用仅有拉筋或仅有顶撑的构造

67.人行斜道的宽度和坡度的规定是（　　）。

 A.不宜小于 1 m 和宜采用 1∶8   B.不宜小于 0.8 m 和宜采用 1∶6

 C.不宜小于 1 m 和宜采用 1∶3   D.不宜小于 1.5 m 和宜采用 1∶7

68.单排脚手架（　　）。

 A.应设剪刀撑   B.应设横向斜撑

 C.应设剪刀撑和横向斜撑   D.可以不设任何斜撑

69.脚手架底层步距不应（　　）。

 A.大于 2 m   B.大于 3 m   C.大于 3 m   D.大于 4.5 m

70.双排脚手架应设置（　　）。

 A.剪刀撑与横向斜撑   B.剪刀撑

 C.横向斜撑   D.可不设剪刀撑和横向斜撑

71.剪刀撑设置宽度（　　）。

 A.不应小于 4 跨,且不应小于 6 m   B.不应小于 3 跨,且不应小于 4.5 m

 C.不应小于 3 跨,且不应小于 5 m   D.不应大于 4 跨,且不应大于 6 m

72.高度在 24 m 以上的双排脚手架连墙件构造规定为（　　）。

 A.可以采用拉筋和顶撑配合的连墙件

 B.可以采用仅有拉筋的柔性连墙件

 C.可以采用顶撑顶在建筑物上的连墙件

 D.必须采用刚性连墙件与建筑物可靠连接

73.高处作业分为（　　）级。

 A.一级   B.二级   C.三级   D.四级

74.凡经医生诊断患有（　　）以及其他不宜从事高处作业病症的人员,不得从事高处作业。

 A.高血压   B.心脏病   C.严重贫血   D.全有

75.（　　）对提高其稳定承载能力和避免出现倾倒或重大坍塌等重大事故具有很大作用。

 A.大横杆   B.小横杆   C.连墙杆   D.十字撑

76.当架设高度超过 24 m 时,应采用（　　）。

 A.柔性连接   B.刚性连接

 C.随便,只要强度足够即可   D.不连接

77.脚手架的外侧应按规定设置密目安全网,安全网设置在外排立杆的（　　）。

 A.里侧   B.外侧   C.都可以   D.中心线

78.挂脚手板必须使用( )mm 的木板,不得使用竹脚手板。

    A.200   B.300   C.400   D.500

79.建筑脚手架使用的金属材料大致分为( )。

    A.1 级钢   B.铸钢   C.高强钢   D.全有

80.高度在( )m 以上的双排脚手架应在外侧立面整个长度和高度上连续设置剪刀撑。

    A.21   B.22   C.23   D.24

二、简答题(每题 5 分,共 20 分)

1.脚手架按照其构造形式分为哪几类?

2.扣件式钢管脚手架的搭设顺序是什么?

3.扣件式钢管脚手架的拆除顺序是什么?

4.构配件外观质量要求是什么?

中级架子工理论考试试卷答案

一、单项选择题(第1—80题,选择一个正确的答案,将相应的字母填入题内的括号中,每题1分,共80分)

1—5 ABCBB	6—10 DCDAC	11—15 DBCBA	16—20 CBDCB
21—25 DABCD	26—30 BDCBB	31—35 ACDAA	36—40 CBBDB
41—45 ACCCD	46—50 BABAB	51—55 DAABA	56—60 CADAB
61—65 ACBBA	66—70 CCAAA	71—75 ADDDC	76—80 BADDD

二、简答题(每题5分,共20分)

1.脚手架按照其构造形式分为哪几类?

答:(1)多立柱式脚手架;(2)门式脚手架;(3)悬挑式脚手架;(4)吊脚手架;(5)爬降脚手架。

2.扣件式钢管脚手架的搭设顺序是什么?

答:摆放扫地大横杆→逐根树立立杆(随即与扫地大横杆扣紧)→装扫地小横杆(随即与立杆或扫地大横杆扣紧)→安第一步大横杆(随即与各立杆扣紧)→安第一步小横杆→安第二步大横杆→安第二步小横杆→加设临时斜撑杆(上端与第二步大横杆扣紧,在装设两道连墙杆后可拆除)→第三、四步大横杆和小横杆→连墙杆→接立杆→加设剪刀撑→铺脚手板。

3.扣件式钢管脚手架的拆除顺序是什么?

答:(1)拆除顺序应遵循由上而下、先搭后拆的原则,即先拆栏杆、脚手板、剪刀撑,后拆小横杆、大横杆、立杆等,并按一步一清的原则进行,严禁上下同时进行拆除作业。

(2)拆立杆时,应先抱住立杆再拆开最后两个扣,拆除大横杆、斜撑、剪刀撑时,应先拆中间扣,然后托住中间,再解端头扣。

(3)连墙件应随拆除进度逐层拆除,严禁先将连墙件整层或数层拆除后再拆脚手架,分段拆除高差不应大于2步,如高差大于2步,应增设连墙件加固。

4.构配件外观质量要求是什么?

答:(1)钢管应无裂纹、凹陷、锈蚀,不得采用接长钢管。

(2)铸件表面应光整,不得有砂眼、缩孔、裂纹、浇冒口残余等缺陷,表面粘砂应清除干净。

(3)冲压件不得有毛刺、裂纹、氧化皮等缺陷。

(4)各焊缝应饱满,焊药清除干净,不得有未焊透、夹砂、咬肉、裂纹等缺陷。

(5)构配件防锈漆涂层均匀、牢固。

附录 1.2　附着式升降脚手架案例

2.1　编制依据

2.1.1　国家及部委法律和法规

序号	法律、法规、规范性文件名称	文件号	实施日期（＿年＿月＿日）
1	《中华人民共和国建筑法》		1998-3-1
2	《中华人民共和国安全生产法》		2002-11-1
3	《建设工程安全生产管理条例》		2004-2-1
4	《建筑施工安全检查标准》	JGJ 59—2011	
5	《建筑施工附着升降脚手架管理暂行规定》	建建〔2000〕230 号	2000-10-16
6	《危险性较大工程安全专项施工方案编制及专家论证审查办法》	建质〔2004〕213 号	2004-12-1
7	《建筑机械使用安全技术规程》	JGJ 33—2001	2001-11-1
8	《建筑施工高处作业安全技术规范》	JGJ 80—2016	1992-8-1
9	《建筑施工扣件式钢管脚手架安全技术规范》	JGJ 13—2011	2001-6-1
10	《建筑施工现场环境与卫生标准》	JGJ 146—2004	2005-3-1
11	《企业职工伤亡事故分类》	GB 6441—1986	1987-2-1
12	《起重机械超载保护装置安全技术规范》	GB 12602—2009	2010-1-1
13	《施工现场临时用电安全技术规范》	JGJ 46—2005	2005-7-1
14	《高空作业机械安全规则》	JGJ 5099—1998	1998-12-1
15	《高处作业分级》	GB/T 3608—1993	

2.1.2　北京市规章

序号	法律、法规、规范性文件名称	文件号	实施日期（＿年＿月＿日）
1	《北京市安全生产条例》		2004-9-1
2	《北京市实施工伤保险条例办法》		2004-1-1
3	《北京市建设工程施工现场管理办法》		2001-5-1
4	《北京市建筑施工起重机械设备管理的若干规定》	京建施〔2007〕71 号	2007-4-1
5	《北京市建设工程施工现场安全防护、场容卫生、环境保护及保卫消防标准》	DBJ 01-83—2003	2003-1-14

续表

序号	法律、法规、规范性文件名称	文件号	实施日期(__年__月__日)
6	《北京市建设工程施工现场作业人员安全知识手册》	京建施〔2007〕8 号	2007-1-9
7	《北京市建筑工程施工安全操作规程》	DBJ 01-62—2002	2002-9-1
8	《建设工程安全监理规程》	DB 11/32—2006	2006-11-1
9	《建设工程施工现场安全资料管理规程》	DB 11/383—2006	2006-11-1

2.1.3　工程相关依据

序号	法律、法规、规范性文件名称	文件号	实施日期(__年__月__日)
1	《北京××世纪大酒店施工图》		
2	《北京××世纪大酒店施工组织设计》		

2.2　工程概况

　　北京××世纪大酒店,设计单位为中国建筑科学研究院,中建一局二公司承建施工,地上25 层,首层5.5 m,2 层5 m,3 层5.04 m,设备层2.15 m,5 层以上为标准层,标准层高3.3 m。

　　本工程外围护脚手架拟采用附着式升降脚手架,组装时第1~9 榀、25~38 榀主框架从首层楼板标高上2 m 位置开始组装,第10~24 榀主框架从4 层楼板标高上0.5 m 位置开始组装。第9 榀和第25 榀位置架体组装时从 G 轴外侧1.7 m 位置处开始排 B 片,并且保证搭设的附着升降脚手架架体与相邻双排落地架架体至少有250 mm 的净空距离,防止架体提升时与双排落地架剐蹭。

2.3　附着式升降脚手架简介

2.3.1　导座式升降脚手架简介

　　导座式升降脚手架是一种新型的附着式升降脚手架,与传统的全高落地式双排脚手架及其他形式的升降脚手架相比,具有显著优点。

　　1) 与传统的落地式双排脚手架比较

　　①一次性投入的材料大大减少,提高周转材料的利用率。

　　②操作简单迅捷,劳动力投入少,劳动强度低。

　　③使用过程中不占用塔吊,加快施工进度。

　　④降低了工程成本。

　　2) 与其他形式的升降脚手架比较

　　①操作极为简便,误操作可能性小,容易管理。

　　②在使用中,每一主框架处均有 4 个独立的附着点,其中任何一点失效,架子不会坠落

或倾翻,升降过程中不少于 3 个独立的附着点。

③升降指令遥控操作,可实现架体不上人升降,最大限度地保证了人员安全。

④防坠装置多重设置,多重防护,且灵活、直观、可靠。

⑤承传力结构简捷、明晰、可靠。

⑥具有无级调整预留孔主体结构误差的功能,适应性好。

⑦架体侧向受力好,不会发生连锁反应。

2.3.2　架体构成

导座式升降脚手架系统由 6 部分构成:架体主结构、升降系统、防坠系统、架体、电气控制系统、架体防护。

①架体主结构:由导轨主框架和水平支承桁架构成。导轨主框架为整体式结构,现场施工时直接安装不需另行组装。

②升降系统:由连接螺栓、上吊点、电动葫芦、下吊点构成。

③防坠系统:每个附墙点均设有独立的摆针式防坠系统,防坠系统采用不坠落理念设计,每榀主框架有 4 个独立附墙点,即有 4 套防坠装置,大大增加了安全性。

④架体:使用建筑工程通用 $\phi 48$ mm 钢管搭设的外双排脚手架,架体内外排间距为 900 mm,距墙间距一般为 400 mm。

⑤电气控制系统:由总控箱、分控箱、遥控系统构成。

本升降脚手架的升降采用电动葫芦升降,并配设专用电气控制线路。该控制系统设有漏电保护、错断相保护、失载保护、正反转、单独升降、整体升降和接地保护等装置,且有指示灯指示。线路绕建筑物一周布设在架体内。

⑥架体防护:随架体搭设同步完成的安全防护措施,包括有底部密封板、翻板、立网、水平兜网、护身栏杆等。

2.3.3　防坠装置简介

①本装置是一种用于升降脚手架、升降机等高空坠落的摆针式防坠装置。目前,施工用升降脚手架、升降机等设备,在使用或升降运行过程中,有的无防坠安全装置,有的安全装置容易失效或成本较大,一旦发生意外,很容易造成高空坠落而发生重大人员和设备事故。

②摆针式防坠装置是一种适用于结构轨道或具有类似结构的升降脚手架升降机等高空坠落的以速度变化为信号,机械自动卡阻式防坠器,其大样如附图 2.3.1 所示。

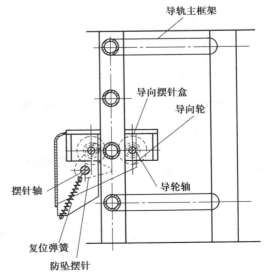

附图 2.3.1　机械自动卡阻式防坠器

③本装置的构造特征。摆针通过摆针轴与固定在导座上的轴座相连,复位弹簧的两端分别连接在摆针与轴座上,导向座与由连接杆和竖向立杆构成的导轨之间为滑套连接。

④本装置的工作原理。当导向座固定,导轨件在导向座的约束下向下慢速运动时,运动中的导轨件的连接杆进入导座中,并与摆针的底部接触推挤后,摆针将发生顺时针方向转动。当连接杆向下运动越过摆针的底部后,摆针在复位弹簧的弹力作用下瞬间内弹回复位,即摆针又将发生逆时针方向转动,摆针将恢复到原来摆动前的初始状态,完成一次摆动,紧接着另一个连接杆又进入导向座中,重复以上过程,连接杆将不断慢速向下通过导向座,重复以上过程,多个连接杆将下降;同理,导轨件同样可向上运动而不断顺利通过导座;当导轨件快速向下运动或坠落时,与慢速下降不同的是慢速下降时当摆针完成一次上下摆动恢复到初始状态后。紧接着另一个连接杆才又进入摆针摆动的范围内,而当导轨件快速下降或坠落时,摆针还未完成一次左右摆动恢复状态前,此时另一个连接杆已进入摆针摆动的范围内,使摆针无法弹回,摆针的上端在连接杆推压下顺时针方向转动一定角度后,最终将阻挡住连接杆向下通过,即导轨被卡住,起到了防下坠的目的。

⑤本装置结构简单、巧妙、成本较低,便于操作,随时可以检查、维修,当发生如摆针摆动不灵活或弹簧失效等问题时,本装置不失去安全防护功能、安全可靠性好。

2.3.4 架体主要工艺参数

架体主要工艺参数见附表2.3.1。

附表2.3.1 架体主要工艺参数

序号	项 目		内 容
1	提升控制方式		采用电动摊升,遥控控制,同步升降
2	架体高度		架体总高18 m
3	架体宽度		90 mm(内外排立杆中心距)
4	架体杆距		立杆间距1.8 m,水平杆步距1.9 m
5	架体离墙间距		一般为400 mm,做架体内挑后为150 mm
6	剪刀撑		剪刀撑间距为5.4 m,与水平面角度约为60°
7	主框架长度		14 m
8	导向座数量		使用过程中每榀主要架上保证不少于4个,提升过程中不少于3个
9	电动葫芦		7.5 t,一次行程距离为8 m,吊钩速度为14 cm/min,功率为500 W
10	与结构连接	导向座	一根ϕ27 mm螺杆,两端各垫双螺母
		吊挂件	一根ϕ30 mm螺杆,外侧螺母焊牢,内侧垫双螺母

2.4 施工部署

2.4.1 安全管理目标

附着式升降脚手架的主要功能是为了建筑工程主体及装修施工提供结构外安全防护，施工安全是第一位的。使用本系统的安全目标如下：

①架体不发生坠落、倾覆事故。

②不发生因架体安全防护不到位而引发的重伤事故。

③轻伤事故频率不超过1‰。

2.4.2 项目管理组织机构

为了保证升降架的使用安全，切实保证施工要求和进度要求，树立公司形象，我公司将在本项目配置施工经验丰富的现场技术指导人员。

现场技术服务组织管理机构框图如附图2.4.1所示。

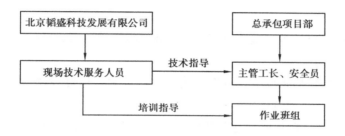

附图 2.4.1 现场技术服务组织管理机构框图

2.4.3 职责划分

1) 总承包方工作

①提供准确的升降架设计所需的有关图纸和资料。

②负责审定施工方案并按审定后的施工方案施工。

③在设备供应商技术人员指导并认可的前提下，自行组织操作人员完成升降架安装搭设、预留孔预留、升降、拆除，包括架体电气控制系统的安装和拆除。

④按既定升降架施工方案和安全技术操作规程进行升降架升降施工，接受设备供应商技术指导人员的技术及安全施工指导。

⑤对设备供应商技术人员日常检查指出的安全问题和隐患，立即组织人员进行整改，保证架体的安全使用。

⑥负责升降架日常保养，需润滑的物件应经常上油，以防损坏和锈蚀。

2) 设备供应商工作

①升降架设计合理，架体及配件牢固可靠，外观整洁，服务周到，负责现场技术指导。

②对提供物品的加工质量负责。

③对升降架按现行标准进行施工组织设计，并报总承包方审批，进行技术指导和服务。

④负责无偿对总承包方升降架操作人员进行安装、升降等技术培训和安全操作指导。

⑤派驻专人对总承包方进行技术指导,指导架体的安装搭设、升降、保养和拆除,负责指导处理升降架所发生的异常问题。

⑥对日常检查出的安全问题和隐患,督促总承包方立即整改。

⑦协助总承包方在升降架使用过程中的升降架安全管理工作。

2.4.4 升降架布置

1)平面布置原则

架体任意两点间布置距离满足以下要求:

①按架体全高与支承跨度的乘积不应大于 110 m^2 的要求,直线布置的架体支承跨度不应大于 6.1 m;折线或曲线布置的架体支承跨度不应大于 5.4 m(指两榀相邻主框架沿架体中心线水平投影距离)。

②架体分组端部水平悬挑长度不得大于 1/2 水平支承跨度和 3 m。

③架体外皮宜尽量布置成大平面,避免出现多处拐角,以方便剪刀撑搭设,增强架体整体性。

④主框架布点应尽量避开飘窗板、空调板、框架柱等部位,如架体需下降用于装修施工,还必须避开烟风道位置。

⑤按照总承包方塔吊布设位置及塔吊附臂水平及垂直位置,若附臂安装时穿过架体内部,则主框架布点需错开附臂位置。

⑥如装修使用本架体,则需考虑施工电梯位置的留设,电梯位置处架体在装修阶段拆除后,两侧端部悬挑需满足要求。

2)平面布置

本工程外围周长(架体内皮)为 195 m,共布置 4 组 38 榀主框架,导轨平均间距为 5.13 m,最大间距为 6.1 m,出现在 13 号与 14 号点、19 号与 20 号点间。

3)架体分组

为配合建筑的流水施工,升降架按流水段分布将架体进行合理分组,保证分组与流水段对应,以不出现"同组不同流水段"的情况为原则,分组缝与流水段分段相适应,分组缝可适当由先施工流水段向后施工流水段跨过流水分段处,以利于施工防护。同时架体分组时兼顾工作量均衡,即分组后各组间架体榀数基本均等,避免出现榀数过多和过少现象。

本工程共分为 3 个流水段,根据流水段的位置架体共分为 4 组,其中,1 段、3 段各分为 1 组,2 段分为两组,分组具体位置见平面布置图。

架体分组处,分组缝两侧立杆间净距以 250 mm 为宜,间距不宜过大和过小,大横杆在分组处搭设时全部齐头断开,外侧剪刀撑亦在此处断开,为使搭设的架体美观,在分组缝两侧的剪刀撑可搭设在一条直线上,观感上形成整体。分组缝一侧的外密目网可延伸到另一侧,提升前解开,提升到位后,恢复绑好,并在分组缝处用 1 m 短管将分组缝两侧的立杆连接起来,增强整体性。

在铺设操作面的各步上,分组缝处设组间翻板,提升前将翻板翻起,升降到位后将翻板恢复。

4）立面布置

①本公司生产的定型主框架按步距 1.9 m 设计,其总高为 7 步(14 m 长),搭设完成后的架体覆盖 5 层,搭设 9 步架,顶部为满足防护高度另加 0.9 m 防护栏杆,架体全高 18 m,架体宽度均为 0.90 m(内、外排立杆中心距)。

②剪刀撑与每根立杆均必须用扣件扣牢,相邻剪刀撑间距为 3 根立杆间距,即 5.4 m,剪刀撑与水平夹角应为 45°～60°。外排剪刀撑搭设至顶。

2.4.5　升降架作业计划及资源投入

1）升降架组装进度计划

升降架体要获得很好的使用性和安全性,必须保证架体与结构间的连接达到合理适用,一般在标准层以下建筑结构与标准层相比有一定变化,因此,架体从标准层开始组装,组装时架体即可作为外防护架使用。按主体进度要求同步施工,要保证超过主体作业面至少1.5 m。

2）升降计划

架子的升降以满足土建的施工进度要求为准,通常情况下每升降一层的操作时间为 1～2 个工作日。

3）人员准备

视楼栋架体布点数量的多少,一般组装时每栋楼投入劳动力 15～20 人,以后每升降一层的操作时间为 1～2 个工作日,劳动力投入 4～6 人。

4）施工机具配备

①构成升降架系统中的机具、材料见附表 2.4.1。

附表 2.4.1　构成升降架系统中的机具、材料

序 号	名　称	型号规格	备　注
1	主框架	14 m	
2	导向座		
3	水平桁架	A 片	
4	水平桁架	B 片	
5	双管吊架		
6	吊挂件		
7	加长吊挂件		必要时使用
8	槽钢吊挂件		必要时使用
9	加高件		必要时使用
10	槽钢挑型架		必要时使用
11	垫块		必要时使用
12	螺杆		
13	螺母		

续表

序号	名 称	型号规格	备 注
14	垫片		
15	电动葫芦	7.5 t	
16	专用总控电箱		
17	插座箱		

②需总承包方自备的材料见附表2.4.2。

附表2.4.2　需总承包方自备的材料

序号	名 称	规格型号	备 注
1	架子管	$\phi 48 \times 3.5$	
2	扣件		
3	脚手板		
4	胶合板		
5	木方	50 mm×100 mm	
6	密目安全网	1.8 m	
7	大眼网		
8	钢丝绳	$\phi 12.5$	
9	电缆	6 mm^2	

2.4.6　同步升降

升降架升降时能否同步是保证升降架使用效果的重要部分,为保证架体的同步升降,需采取以下方法:

①升降动力装置采取升降速度偏差较小的装置——环链电动葫芦,电动葫芦的传力部分为链条形式,传力清晰明确,不会出现运行过程中打滑等现象,且电动葫芦的一次行程较长,本工程采取一次提升行程8 m的环链电动葫芦,杜绝短行程升降装置的往复运动,减少误差。

②采取遥控信号自动控制电动葫芦同时启动和关闭,确保每台葫芦的行程距离相等。

③架体布置时,各榀主框架尽量调整其负载范围均衡,避免各榀间质量变化过大,负载不均。

④各榀的下吊点均设置荷载探测装置,实时监控各点的负载变化情况,出现异常时,在最短时间内自动切断电源并报警指示,保障各点同步运行。

2.5　附着式升降架施工工艺

2.5.1　架体组装工艺流程

1）组装程序

当主体施工至标准层后,开始组装架体,架体组装工艺流程如附图 2.5.1 所示。

2）搭设找平架

施工至标准层后,准备搭设用于支承附着式升降脚手架的找平架,找平架在原结构施工时的临时双排外脚手架上搭设即可,需要注意的是,升降架内外排距结构外皮距离分别为400 mm 和 1 300 mm,临时双排脚手架内外排立杆须错开此位置,如附图 2.5.2 所示。

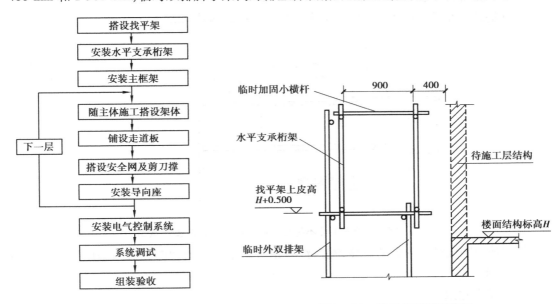

附图 2.5.1　架体组装工艺流程图　　　　附图 2.5.2　找平架搭设示意图

第 1~9 榀、第 25~38 榀主框架位置找平架上皮搭设在首层结构楼板标高上 2 m 位置,第 10~24 榀主框架找平架上皮搭设在 4 层楼板标高上0.5 m位置。找平架要统一找平,结构转角部位也要高度一致。

3）组装水平支承桁架

搭设完找平架后,即开始组装水平支承桁架(因其主要由 A 型桁架和 B 型桁架组成,因此俗称 AB 片),支承桁架与拟建结构之间的距离严格按设计要求控制好,并及时与主体施工人员取得联系,协商好标准层主体模板工程的支模空间,控制在设计要求范围内。

组装时应按主体施工的先后需要,尽量做到同时从两处以上的拐角开始组装。水平支承桁架一般由标准节连接而成,在折转处、分组处等水平支承桁架布设困难时,可用钢管搭接。

在找平架上找好距离后,从两端拉线,在每根找平架短管上画出 AB 片位置,组装一般从角部开始,先安装 B 片,再逐个安装 A 片,并临时固定。组装 A 片时,要使成型后 A 片中间的斜肋杆连续成之字形,如附图 2.5.3 所示。

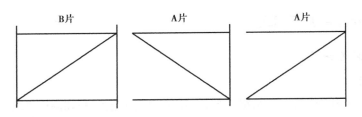

附图 2.5.3　找平架短管上 AB 片位置示意图

内、外侧支承桁架连接到一定长度后,组装小横杆连接内、外支承桁架。小横杆伸出架体外侧 10 cm。

对于转角部位不符合水平桁架模数(1 800 mm)的,采用短钢管帮接,短钢管与水平桁架上下弦杆搭接不小于 1 000 mm,用 3 个旋转扣件连接,如附图 2.5.4 所示。

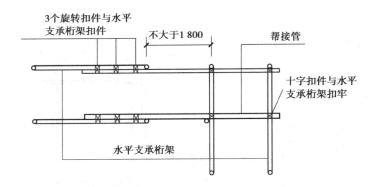

附图 2.5.4　转角部位不符合水平桁架模数的连接示意图

组装前应明确塔吊附臂的具体位置,注意组装水平支承桁架时在有塔吊附臂的地方断开,并用短钢管连接。

4) 吊装主框架

按照平面图位置将主框架位置找好。除满足图纸要求外,还应注意以下几点:

①主框架的位置应尽量避开飘窗板、空调板、框架柱等部位,如架体需下降用于装修施工,还必须避开烟风道、雨水管等位置。

②主框架要避开大模板的穿墙螺栓孔,避免主框架影响穿墙栓安装和拆卸。

③尽量将主框架布在 AB 片立杆处,可少装一根立杆,减轻架体自重,使架体外排立杆间距一致美观,方便布设剪刀撑。

当水平支承桁架组装一部分后,随后吊装导轨主框架。确定主框架位置后在 AB 片上画线标示,距主框架中心 60 mm 处先搭设一根连接小横杆,利用塔吊将主框架吊装入位,起吊时要合理选择吊点,以能垂直升降。入位后将主框架底部横杆与连接小横杆用 4 个转扣锁紧,并在主框架两侧用两根 6 m 管打两个斜撑固定主框架,初步吊直后锁紧斜撑。

导轨主框架吊装、固定后,把固定导向座套在导轨上移至将要安装的位置,临时固定,并校正导轨主框架两个方向的垂直度,在结构顶板上预留拉结吊环,安装临时拉结,垂直度不大于 30 mm,顶部晃动不大于 50 mm。

5）预留螺杆孔

升降架与结构连接螺杆有两种形式，导向座附着采用 M27 螺杆，吊挂件附着采用 M30 螺杆，吊挂件附着螺栓孔与导向座附着螺栓孔相距 350 mm，主体施工的同时，及时做好穿墙螺杆预留孔洞的预埋工作。梁上下预埋时，根据梁高不同保证预埋孔到梁底部满足 300 mm 距离即可。下预埋时应将预埋管与就近钢筋绑扎牢固，防止浇筑混凝土时，预埋管走位。

穿墙螺杆孔洞预留位置，以现场竖立的主框架位置为准，埋管前应根据吊线确定预埋管的位置。

6）组装架体

随着主体工程的施工进度，安装固定导向座，逐跨组装立杆、大小横杆、铺脚手板，挂安全网，先搭设两步（或三步）架体供主体施工使用。架体搭设随着主体的上升而逐步向上搭设，始终保证超过操作层一步架。架体搭设采用 $\phi48\times3.5$ mm 钢管，立杆纵距 1 800 mm，立杆横距 900 mm，步高 1 900 mm，立杆应与底部支承框架的立杆对接，对接扣件应交错布置，两个相邻立杆接头不应设在同步同跨内，两相邻立杆接头在高度方向错开的距离不小于 500 mm，各接头中心距主节点的距离不大于步距的 1/3。组与组之间的间距为 250 mm，在每一作业层架体外侧必须设置防护栏杆（高度 1 000 mm）和挡脚板（高度 180 mm）。

①组装顺序：立杆→大横杆→小横杆→剪刀撑→脚手板→踢脚板→安全网→底层密封板。

②立杆垂直度不大于 50 mm。

③大横杆水平度不大于 20 mm。

7）安装固定导向座

当主体混凝土结构脱模后，混凝土强度不低于 10 MPa 时，将固定导向座从导轨的临时固定处，移到穿墙螺杆处，安装 $\phi27$ mm 穿墙螺杆，穿墙螺杆两侧各用一个垫片加两个螺母紧固，垫片不小于 100 mm×100 mm×10 mm，拧紧所有螺母后，两侧外露饰扣均不得少于 3 扣。

固定导向座背板必须满贴结构混凝土面，并立即在导轨两边各固定两个扣件并拧紧，同时检查防坠摆针的灵活性和可靠性。

导向座固定螺杆拧紧后，背板满贴结构，与结构间形成很大的摩阻力，且导向座与主框架的固定连接点比螺杆位置低，受力后导向座所受偏心扭转力比起摩阻力很小，因此导向座可稳固地与结构连接。

8）安装配电线路

配电线路的安装必须由专业电工按设计安装，具体标准按现行有关标准执行。架体的第三步架为电气控制操作层。在每组架体端头配置一台主控箱，每榀主框架的双管吊点处配置一台分控箱，每个电箱需有防雨、防砸、防污染措施（或配置专用电箱保护箱壳）。安装电缆线，规格采用 GB 3×4+1×2.5 mm²，单台电动葫芦 I 电机额定功率为 0.4 kW、额定电流为 1.95 A，此工程所需为 14 台，总功率为 0.4 kW×14＝5.6 kW，总电流为 1.95 A×14＝27.3 A。电缆线沿架体周长穿 $\phi25$ mm PVC 管敷设，电缆线压线时应与电箱内接线颜色相配一致，并在组与组交接部位富余 8 m，以满足架体先后提升的需要。电缆穿线时保证相序一致，提升时分控箱开关置于同一功能"顺"，主控箱遥控整体送电，以保证架体同步提升。

2.5.2　导座式升降架的升降

升降脚手架在组装完成后要进行一次全面的检查(依据《导座式升降架施工验收表》中附表2.5.1),合格并领取《升降架每次升(降)作业前检查记录》(附表2.5.2)后,方能开始升降作业。

附表 2.5.1　导座式升降架施工验收表

工程名称：　　　　楼　验收　　　日期：　　年　　月　　日　　共4页				
序号		检查验收内容及标准	检查情况	整改情况
1	主控项目	构配件的质量应符合设计要求,构配件的变形应小于25 mm,焊缝无异常,无严重锈蚀等		
2		使用的螺栓、螺母组件必须符合设计要求,且连接可靠		
3		最上一层附着结构的混凝土强度等级必须达到C10等级		
4		附墙导向座质量及安装必须符合设计要求,在升降和使用工况下不得少于两个,附墙导向座背板必须满贴建筑结构		
5		附墙导向座中必须安装防坠、防倾装置		
6		直线布置的架体支承跨度不应大于 8.0 m,折线或曲线布置的架体支承跨度不应大于 5.4 m		
7		上、下两支座之间距离必须大于 2.5 m		
8		端部架体的悬挑长度小于3.0 m。悬挑端应以导轨主框架为中心成对设置对称斜拉杆,其水平夹角不应小于45°		
9		导轨必须穿插在固定导向座中,且每个固定导向座在使用中必须与导轨有不少于两个扣件连接		
10		使用的导轨主框架长度必须大于三层楼高,另加 300 mm以上		
11		使用中,架体顶部的晃动必须小于 6 cm,否则必须与建筑结构之间或架与架之间有可靠连接		
12		在塔吊附臂处,采用搭接方式连接,每端搭接长度不小于1.0 m,3 个旋转扣件等距布置		
13		使用做底部的架体必须全封闭,两组架之间的缝隙必须全封闭		
14		使用荷载严禁超载,允许三步架同时使用,但每步架荷载必须小于 2 000 N/m²,且不能集中承载		
15		当架子附着在悬挑结构上时,如无可靠的验算,必须按设计装斜拉加强装置		

工程名称：		楼 验 收 日 期： 年 月 日 共 4 页		
序号		检查验收内容及标准	检查情况	整改情况
16	主控项目	使用的吊挂件必须符合设计要求,且与建筑结构单独连接并连接可靠		
17		架体中吊点处必须采用双管吊点,无塑性变形,吊点与导轨主框架中心线距离为 350 mm±20 mm,双管吊点与架体、导轨主框架须有可靠连接,双管吊点两侧上端应分别扣上不少于 3 个旋转扣件		
18		电器设备中必须装有符合用电安全要求的漏电保护装置,错、断相保护装置		
19		升降作业钳,必须卸除使用荷载;所有妨碍架体升降的障碍物必须拆除;无关人员必须撤离		
20		每组架升降前后,必须固定件和架子节点连接情况,节点焊缝情况,吊环焊缝情况进行检查		
21		若固定导向座和附墙吊点处需增设加高件和三角铁件时,每处应严格按设计要求与建筑结构有可靠的连接措施,确保安全		
22		架体外立面必须沿全高设置剪刀撑,剪刀撑的跨度不应小于 4 跨,且不小于 6 m,其水平夹角为 45°~60°,并应将竖向主框架、水平支承和构架连成一体,剪刀撑搭接处搭接长度大于等于 1 000 mm,扣件不少于 3 个		
23		在每一作业层架体外侧必须设置一道防护栏杆(高度 900 mm)和挡脚板(高度 180 mm)		
24		钢丝绳连接处所需钢丝绳夹的数量:钢丝绳直径小于等于 18 mm 的不少于 3 个绳夹,直径大于 18 mm 小于 27 mm 的不小于 4 个绳夹;绳夹夹座应扣在钢丝绳的工作段上;钢丝绳夹间的距离应等于 6~8 倍钢丝绳直径		
25		物料平台必须将其荷载独立传递给工程结构		
26		项目部现场架子必须有安全生产组织机构、现场安全管理规定、岗位责任制、现场安全检查记录、安全技术交底和交接班记录		

续表

工程名称：		楼　　验收　　日期：　　年　　月　　日　　共4页		
序号		检查验收内容及标准	检查情况	整改情况
27		防坠装置在升降、使用过程中应摆动灵活,慢速下降时必须顺利通过		
28		架体的宽度应大于等于 0.6 m		
29		架体悬挑端部应设有可靠的斜拉杆,防止端部下沉,其下沉位移应不大于 50 mm		
30		作业层的脚手板离建筑物的距离为 120~150 mm		
31		使用中的操作层应满铺设脚手板且应坚固和可靠固定		
32		架体的外侧应满挂安全网并绑扎牢固,使用的安全网必须符合有关规定		
33		当风力大于 6 级时,应在导轨上加装防上翻扣件		
34		螺栓应充分上紧,紧固到连接件在使用中不致产生转动为止		
35		葫芦在升降前应进行试运转,检查合格后,方能使用,升降后应进行保养		
36		架子升降作业时,立杆晃动必须小于架总高的 1/250		
37		扣件不应有滑动,钢管端部到扣件边缘距离应大于 100 mm		
38	一般项目	严禁利用架体吊运物料和利用支顶模板等		
39		架上作业人员,应按高处作业规定,佩带并系好安全带		
40		扣件紧固检查,以扭矩 40~65 N·m,抽查 50 个扣件,检查扣件是否拧紧,合格率 90% 以上		
41		所有传动构件应按规定定期保养		
42		升降到位后确认架子与建筑物牢固连接后,操作人员方可离去		
43		架子操作人员严禁酒后上架操作		
44		导轨垂直度(在两个方向)偏差 ≤30 mm		
45		预留孔的中心误差应小于 50 mm		
46		升降时两榀导轨主框架高差应控制在 ±30 mm,每组架中最大高差不大于 80 mm		
47		导轨主框架在两相邻固定导向座处的高差不应大于 20 mm,防倾装置的导向间隙应小于 5 mm		
48		吊挂件与导向座螺栓固定孔距离为 350 mm±20 mm		
49		导向件的上表面水平面高差应控制在 ±10 mm 内		
50		固定导向件中心线与建筑物上所弹垂线应对齐,其误差应控制在 ±15 mm 内		

工程名称：		楼　验收　日期：　　年　　月　　日　共 4 页				
评定结果	班组自检	检查意见：			检查人：
	厂家复检	检查意见：			检查人：
	施工总承包	工程部门验收意见：			检查人：
		安全部门验收意见：			检查人：
		技术部门验收意见：			检查人：

注：主控项目、一般项目应全部合格，允许偏差合格率达 80%，且无超允许偏差 2 倍者为合格或者经整改合格后评定为整改合格。

附表 2.5.2　升降架每次升(降)作业前检查记录

施工单位：

工程名称				层		升		降	
作业班组				该组架编号			组　　号至　　号		
序号	检查项目	主要检查内容						检查情况	
1	电动葫芦	升降前试运转应正常							
		链条理顺、无咬伤							
		吊钩灵活无裂缝、轴卡及护板完好							
		电线、插头完好、葫芦有防雨、接地措施							
2	吊挂件	与建筑物结构单独连接并连接可靠							
		螺杆露出螺母 3~5 扣丝							
3	配电箱及电缆	漏电保护装置，错、断相保护，接地装置可靠							
		电缆线路完好							
4	吊点	无塑性变形							
		定位扣件数量齐全							
5	导向座	防坠摆针摆动灵活							
		复位弹簧弹力正常							
		导座数量齐全、调节装置有效							
6	导轨	无钢筋、铁丝、混凝土污染							

续表

序号	检查项目	主要检查内容	检查情况
7	架体	无倾斜、变形	
		无刮卡结构及支模钢管	
		架体上材料、设备已清除	
8	钢丝绳	无断股、生锈现象	
		绳卡数量齐全、牢固可靠	
9	特殊部位	阳台斜拉、顶撑装置齐全	
10	安全警戒线	准备升降的架体下方设置安全警戒线	
11	班组长意见及签名：		年　月　日
12	安全员意见及签名：		年　月　日
13	厂家技术员意见及签名：		年　月　日
14	项目部意见及签名：		年　月　日

升降架升降程序如下：准备工作→升（降）架前检查→上吊点悬挂葫芦→葫芦预紧→松开导向座上的固定扣件→升（降）架→过程监控→临时停架→取下下（上）导向座→安装上（下）导向座→提升（下降）到位→安装导向座上的固定扣件→松开葫芦→恢复组间连接及安全防护→检查验收。

1）准备工作

①升降前应做好必需的准备工作，检查架体节点附着情况，吊钩、吊环、吊索及构件焊缝情况，摆针式防坠器的工作情况，弹簧是否失效等，并对使用工具、架子配件进行自检，发现问题及时整改，整改合格后使用。

②上层需附着固定导向座的墙体结构的混凝土强度必须达到或超过 10 MPa 方可进行升降，从上往下数的第二个附着点处用于固定吊挂件的结构混凝土强度达到 20 MPa。

③按《升降架每次升（降）作业前检查记录》内容认真检查，合格后报项目部验收，升降前填写《升降架每次升（降）作业申请表》（附表 2.5.3）报项目部批准后方可提升。

附表 2.5.3　升降架每次升(降)作业申请表

工程名称：

序号	检查内容	检查情况
申请(劳务)单位：		申请人：
操作班组：		
升降部位：第　　　　组架升(降)至　　　　层(底部)		
升降日期：　　　年　　　月　　　日		
1	所有妨碍架体升(降)的障碍物必须拆除	
2	架体上物料、垃圾必须清除干净	
3	通知所有相关人员升(降)时间,并要求其在升降期间不准上架、邻架及架底施工	
项目安全部门意见及签名：		

注：本表由劳务单位安全员自检后在升(降)头一天填写此表,并上报项目安全部审批。

2)固定吊挂件

①吊挂件采用一根 M30 螺栓固定在结构混凝土上,混凝土强度等级不低于 20 MPa,螺栓从梁外侧穿入,内侧加一个垫片用两颗螺母固定,螺母拧紧后保证螺栓伸出螺母端而至少 3 个丝扣。固定方法如附图 2.5.5 所示。

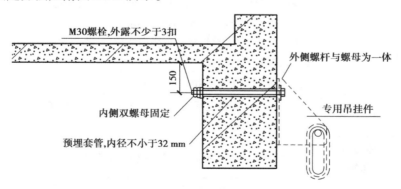

附图 2.5.5　固定吊挂件的方法示意图

②将吊挂件固定好后,电动葫芦固定于吊挂件上,通过吊索或吊环将架体勾挂住,并张紧链条,使每个葫芦的受力情况基本一致。

3)架体的升降

①架体在提升阶段提升时,应在每榀导轨主框架最上一个导向座旁固定好吊挂件、挂好葫芦、链条的另一端应挂住架体的吊点位置,全部工作完成后,所有葫芦同步提升,提升约

500 mm 高度后拆掉轨道卡,继续提升到一定高度后,拆下最下面的导向座,并装在最上面。继续提升,当达到要求高度后,进行调平,两榀导轨承力架高差应控制在 10 mm 内,每组架中最大高差应控制在 30 mm 内,满足上述要求后,应立即盖好翻板,安好扣件,使用中所有扣件必须全数上齐。

②架体在下降阶段下降前,首先应挂好葫芦,然后将链条张紧,其后方可松掉所有扣件,慢速下降架子,当导轨脱出上部的固定导向座后,应立即拆除该固定导向座,将其安装在导轨下面导向座对应位置的建筑结构上。当下降一层楼高度后,立即安装扣件。

③架子升降时,必须卸除架体上的荷载,人员必须撤离,且得到工长的正式通知后方可进行升降。装修工程时,还必须经质检部门同意后方可下降。

④同时升降的升降架必须做到同步升降,当不同步时应对不同步的升降架进行单独升或降来予以调整。

⑤升降架分组提升时应在组与组之间搭设栏杆,并用安全网密封,防止坠人或掉物。

2.5.3 升降架的使用与维护

升降架每次升降后要经过检查验收,合格并领取《升降架升(降)完成后验收交接记录》(附表 2.5.4)后方能使用。

附表 2.5.4 升降架升(降)完成后验收交接记录

施工单位:

工程名称			班组长		日期	
作业班组		层		该组架编号	组 号至 号	
序号	检查项目	主要检查内容			检查情况	
1	架体	架体无内外倾斜、下垂变形现象,各种杆件搭设符合要求,扣件齐全并拧紧,架体之间连接可靠				
2	导向座和导轨	导向件背板满贴建筑结构,导向件防坠装置完好,导向件用不小于 $\phi27$ mm 的螺杆与墙体连接牢固,使用中不少于 3 个,导轨穿插在导向座中,导轨与导向座连接可靠				
3	螺栓组件	螺栓露出螺母 3~5 扣丝、垫片齐全				
4	电力系统	开关、插头、按钮灵活完好,电缆无破损,漏电保护符合要求				
5	架体与临边防护	架体顶部与建筑物应有连接,架体底部全密封				
6	料台	底部密封与周边防护有效,卸荷钢丝绳应拉紧,顶撑正常受力				
7	安全网与脚手板	安全立网铺设严密并绷紧,脚手板应满铺无漏空,离墙间距不大于 300 mm,无松动脱落				
8	翻板及挡脚板	翻板完好、密封严密,与脚手板连接应牢固,无松动,踢脚板高度一致,绑扎牢固				

续表

序号	检查项目	主要检查内容	检查情况
9	保养	架体垃圾杂物应及时清理,葫芦要包扎好,砂浆污染应及时清除,各种丝扣杆件定期上油除锈	
10	安全员	检查意见	
11	项目部意见		

1) 使用荷载

本脚手架为防护用架体,两步架同时使用时每步荷载应小大于 3 kN/m²,三步架同时使用时每步荷载应不大于 2 kN/m²,严禁超载使用,荷载应尽量分布均匀,避免过于集中。

2) 架体的维护与保养

为了保证升降架的正常使用,避免事故隐患,应定期对升降架进行维护和保养。

①升降架每次升降前,施工班组应对所升降的架体的固定导向座内的防坠摆针弹簧进行检查,发现问题应及时更换,由工程部验收签字后方可进行升降。

②定期对电动葫芦进行维护和保养,加注润滑油,检查电动葫芦自锁装置、链条情况等。

③检查构件焊接情况、悬挂端下沉情况、扣件松紧情况等。

④检查吊挂件、钢丝绳及钢丝绳夹的松紧情况等。

⑤每次升降后应用模板或编织袋等物体保护好固定导向座,避免水泥砂浆及灰尘杂物等进入导向件防坠装置内,以保护防坠摆针能灵活动作。

2.5.4　防坠装置管理

导座式升降脚手架的防坠装置包括防坠摆针、摆针轴、拉簧、摆针盒。

1) 防坠装置的检查

防坠摆针的检查点如下:

①摆针是否变形。观察摆针是否被卡阻过而致其变形,出现变形而不能正常工作时要更换。

②拉簧是否有效。首先看拉簧外观是否均匀,上下端拉钩有无变形,锈迹是否严重。拉簧的拉力大小从扳动摆针回位的力度可以判断拉簧的拉力大小,摆针可以快速回位,拉簧有效;反之,拉簧需更换。

③摆针摆动是否灵活。它主要是观察摆针轴是否被杂物卡阻,扳动摆针即可观察到摆针是否摆动灵活。

2) 防坠装置的保养和维护

对防坠装置检查后如发现摆针摆动不灵活,首先判断是否拉簧有问题。再看摆针轴是否被灰尘沾污,拉簧有问题的及时更换;摆针不灵活的,在摆针轴上打柴机油保养。

3) 防坠装置的管理

①每次升降前对防坠装置进行逐个外观检查。

②每月对防坠装置进行一次保养与维护。

③需下架时,下架前对防坠装置进行一次全面保养。

2.5.5　升降架的拆除

1）拆除顺序

升降脚手架下降到位后，按以下程序进行架体的拆除。按照先搭后拆、后搭先拆的原则逐层由上而下进行拆除。

拆除顺序：拆除电气设备→自悬臂结构开始从上向下逐层拆除作业面脚手板→逐层拆除密目网→拆除剪刀撑→拆除小横杆→拆除大横杆→拆除立杆→最后拆除导轨和水平桁架。

2）架体拆除

①拆除之前必须检查架子上的材料、杂物是否清理干净，否则禁止拆除。所拆材料严禁从高空抛掷。

②拆除脚手架时必须划出安全区，设置警示禁止标志，设置专人进行看护，非操作人员不得入内。

③拆除顺序按照先搭后拆、后搭先拆的原则进行拆除，即先拆栏杆、脚手板、剪刀撑，后拆小横杆、大横杆、立杆，最后拆导轨及水平支撑桁架。拆立杆时应注意防止立杆倾倒。

④架子拆除必须从一边开始，按顺序进行。

⑤导轨和水平桁架的拆除。

a.当升降架拆除至底层水平桁架及导轨处时，须进行吊装拆除。拆除作业中，必须保证每一榀导轨上至少安装两个附墙导向座，并在每个附墙导向座的上下各加两个定位扣件，防止架体吊离时，导向座从主框架上脱落；螺栓、垫片拆下收集好集中运至地面。

b.根据升降架的跨度和平面布置情况，从分组端头开始，将升降架逐榀确定分段位置，一榀为一段，每段以导轨为中心，然后根据分段情况进行加固处理。

c.根据分段情况，在第一榀架相应位置将水平支撑框架连接螺栓拧出，使第一榀架成为一个独立的整体。

d.用塔吊垂直吊住导轨主框架，并将架体微微上提，使导向座不再受力，在各项工作完成并由现场主管人员确认无误后，将相应导向座位置的螺栓拆除。然后用塔吊将该段升降架吊至地面平放。

e.吊装拆除时，每次最多只能同时吊装两榀主框架，起吊时用4根钢丝绳分别绑在主框架外框第四步立杆与小横杆交接位置。当单榀吊装主框架时，用两根钢丝绳分别绑在主框架外框第四步立杆与小横杆交接位置，起吊前检查钢丝绳并确认完好后方可起吊，听从持证信号工指挥，起吊前应保证架体与结构及其他架子无连接。

f.在塔吊拆除附着在柱子上的主框架时，可先将最上部一个导向座拆除，保留下部两个导向座；在导向座位置搭设挑架平台，以便于工人拆除固定螺栓，同时在每个导向座下方导轨上加装两个扣件；用塔吊垂直吊住导轨主框架并保持稳定，先拆除最下面一个导向座，最后拆除中间部位导向座，使主框架与结构分离，用塔吊将该主框架吊至地面平放。

⑥各构配件拆下后必须及时分组集中在楼内，然后运至地面。

⑦拆除剪刀撑时必须3人同时作业，先拆中间扣件，再拆两端扣件，最后由中间人传递运至楼层内。

⑧拆除作业中,施工队安全员必须现场指挥拆除,项目部安全员在现场协调指挥。

⑨每天拆除作业后,必须将未拆除完毕的架子与结构进行可靠拉接。

⑩当对楼层出入口上方的架子进行拆除时,出入口应暂时封闭。

2.5.6　特殊部位施工方案

1)塔吊附臂处升降工艺

升降架在塔吊附臂处的跨中采用短钢管连接,且用4根钢丝绳分别斜拉到该跨中的4根立杆与相邻的导轨上。当升降架通过塔吊附臂时,每次只能拆除一步架(包括剪刀撑),当升降架通过一步架后,立即恢复已拆架体(包括剪刀撑),恢复好后马上拆通过方向上的下一步架,升降完毕后再恢复架体,应注意以下两点:

①在塔吊附臂处的一跨架体上,必须在内外排架体搭设"之"字形斜撑。

②当拆除最底部架体时,必须将该处架体垃圾清理干净,操作人员必须系好安全带。

2)卸料平台

架体上禁止采用脚手管直接搭设卸料平台,料台应独立搭设,使用过程中与升降架分离,并与建筑主体可靠、稳固连接。

2.6　安全防护

附着式升降脚手架的安全防护分为6个部分,即作业面防护、底部翻板防护、护身栏杆、架体与结构间隙防护、挡脚板、组间防护。

2.6.1　安全防护

1)作业面防护

升降架共覆盖5层高度,底部密封板与楼面同高,则架体顶部出楼面高度为1.5 m,可满足防护要求。

施工时,第8、9步为站人作业面,每层升降到位后正常使用阶段,在第8步与结构间张设安全网,安全网用网绳与架体及结构支模架绑牢,绑扎后的安全网略呈松弛状态。

各层作业面铺板采用方木加胶合板的形式,采用50 mm×100 mm方木,方木扁放横铺,中心间距不大于400 mm,方木用铅丝与大横杆绑牢,再用钉子将胶合板在方木上钉牢。

2)底部翻板防护

底部翻板设在底部密封板与结构楼板间的缝隙处,翻板采用多层板与密封板用合页连接,翻板在安装时必须压在密封板上,不得与密封板采用对接形式。

翻板宽度不小于300 mm,安装后扣在楼板上的宽度不小于100 mm,端部略微抬起。扣在墙上时。翻板的抬起角度以45°~60°为宜。

每次混凝土浇筑后,及时检查底部密封板有无混凝土堆积,发现混凝土堆积应及时在混凝土初凝前清理干净,防止混凝土将翻板筑死无法翻动。

架体升降时,将翻板翻起,用铅丝临时固定在立杆上,不影响架体的升降。

3)护身栏杆

外立杆内侧每步中部设一道护身栏杆,内侧立杆在铺设作业面的各步搭设护身栏杆,未铺设作业面的位置可不设。

4）架体与结构间隙防护

架体内立杆与结构间空隙宽度为 400 mm,轨道处为 200 mm,在作业面的部位铺装时,将小横杆内挑至距结构约 150 mm,铺装后的作业面距结构 150～200 mm。

架体底部间隙采用翻板封闭(见前述);顶部作业面下间隙张设安全网(见前述)。

5）挡脚板

每铺设作业层的各步均须安装挡脚板,挡脚板高度为 180 mm,挡脚板用多层板制作,两块挡脚板间搭接不少于 100 mm,用钉子钉牢,挡脚板用铅丝与立杆绑牢。

为使架体外观醒目、整洁,第 1、3、5、7、9 步铺装的挡脚板设在密目网外侧,并刷红白警戒色,其余各步装设挡脚板的设在密目网内侧。

6）组间防护

搭设架体时组间缝隙控制在 250～300 mm,提升到位后的正常使用阶段,用短管将分组缝两侧的立杆用扣件连接起来,每步设一道短管,再用密目网立挂将分组缝封严。

提升前,将封挂的密目网和连接短管解开,提升到位后再恢复。

架体相邻的两组,在前一组提升后,下一组(未提升的组)的分组端头底部、前一组的分组顶部作业面在分组缝的两侧面均出现临空,对下一组的分组端头底部临空部位,中部加设护身栏杆,内侧挂密目网;前一组的作业面部位,侧面临空处加设护身栏杆。

2.6.2 安全文明施工

为获得较好的架体外观形象,促进文明施工,在升降架上采取以下措施:

①搭设架体采用的钢管使用前刷漆保护。

②架体剪刀撑、外装挡脚板上,刷醒目颜色,如红白相间颜色。

③在架体重要部位张挂警示标志牌。

2.7 防雷措施

升降架是高耸的金属构架,又紧靠在钢筋混凝土结构旁,二者都是极易遭受雷击的对象,因此避雷措施十分重要(防雷措施由总包方负责完成)。

①升降架若在相邻建筑物、构筑物防雷保护范围外,则应安装防雷装置,防雷装置的冲击接电电阻值不得大于 30 Ω。

②避雷针是简单易做的避雷装置,它可用直径为 25～48 mm、壁厚不小于 3 mm 的钢管或直径不小于 12 mm 的圆钢制作,顶部削尖(附图 2.7.1),设在房屋四角升降架的立杆顶部上,高度不小于 1 m,并将所有最上层的大横杆全部接通,形成避雷网络。

③在建筑电气设计中,随着建筑物主体的施工,各种防雷接地线和引下线都在同步施工,建筑物的竖向钢筋就是防雷接地的引下线,所以当升降架一次上升工作完成

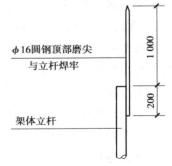

附图 2.7.1 避雷针示意图

时,在每组架上只要找 1~2 处,用直径大于 16 mm 的圆钢把架体与建筑物主体结构的竖直钢筋焊接起来(焊缝长度应大于接地线直径的 6 倍),使架体良好接地,就能达到防雷的目的。

④当升降架处于下降状态时,架体已处在楼顶避雷针的伞形防雷区内,故无须在升降架上再另设防雷装置。

⑤在每次升架前,必须将升降架架体和建筑物主体的连接钢筋断开,置于一边,然后再进行提升。提升到位后,再用连接圆钢筋把架体和主体结构竖向钢筋焊接起来。所有连接均应焊接,焊缝长度应大于接地线直径的 6 倍。

2.8 质量、安全保证措施

从升降架的设计到升降架的组装、使用、拆除,始终贯彻"安全第一"的原则,以"预防为主"为指导思想,通过各种检查、验收手段达到施工中的"无倾翻、无下坠、无死亡、无重伤"事故发生。

1) 质量保证措施

①经过数年的施工经验及技术认证,制定了《导座式升降架安全技术操作规程》用以保证升降架的设计、制造、使用各个环节的安全性和适用性。

②在升降脚手架的组装和使用中,按照企业标准及安全技术操作规程,有针对性地实行各级、各阶段的检查及验收制度。

A.架体组装过程中,各班组应认真自检和复检,再申报检验,与总包项目部联合验收认可之后方能使用。

B.架子使用中项目部主要在以下 3 个阶段进行控制验收:

a.升降架的升降前验收,验收合格后,下发升降许可证,具体内容见附件《升降架每次升(降)作业前检查记录》。

b.升降过程的控制,升降架的每次升降,必须设置现场总指挥。

c.升降完成后,必须对架体再进行一次全面的检查,合格后下达准用证,具体见附件《升降架升(降)完成后验收交接记录》。

③在现场技术服务管理中实行合同责任制,制定具体的经济奖惩制度,签订合同,将责任落实到人,做到有章可循,有合同可依。

2) 安全保证措施

在实施架子安装、升降、拆除时,应严格执行《升降架安全技术操作规程》和执行国家有关安全施工法规,本着"安全第一、预防为主"的方针,做好安全工作,重点注意以下事项:

①架子安装或拆除时,操作人员必须系好安全带,指挥与吊车人员应和架子工密切配合,以防意外发生。

②架子升降时,架子上不得有除架子工以外的其他人员,且应清除架上的杂物,如模板、钢筋等。

③架子操作人员必须经过专业培训,取得合格证后方可上岗。

④严禁酒后上架操作。

⑤架子升降时倒链的吊挂点应牢靠、稳固,每次升降前应取得升降许可证后方可升降。

⑥为防架子升降过程中发生意外,架子升降前应检查摆针式防坠器的摆针是否灵活,摆针弹簧是否正常。

⑦应对现场施工人员进行升降架的正确使用和维护的安全教育,严禁任意拆除和损坏架体结构或防护设施,严禁超载使用,严禁直接在架子上将重物吊放或吊离。

⑧架子与建筑物之间的护栏和支撑物,不得任意拆除,以防意外发生。

⑨架子升降过程中,架子上的物品均应清除,除操作人员外,其他人员必须全部撤离。不允许夜间进行架子升降操作。

⑩施工过程中,应经常对架体、配件等承重构件进行检查,如出现锈蚀严重、焊缝异常等情况,应及时作出处理。

⑪升降完成后,应立即对该组架进行检查验收,经检查验收取得准用证后方可使用。

⑫架上高空作业人员必须佩戴安全带和工具包,以防坠人、坠物。

⑬施工过程应建立严格检查制度,班前班后及风雨之后等均应有专人按制度进行认真检查。

⑭所有施工人员应遵守升降架安全操作规程,若某工种人员在作业中不按升降架安全操作规程或高空作业有关规定所引起的意外事故,均由其所属分包单位或违章者自行承担相应责任。

2.9　升降架安全生产十大注意事项

①升降架操作人员必须是经过现行国家标准《特种作业人员安全技术考核管理规则》(GB 5036—1985)考核合格的专业架子工。

②上岗人员须定期体检,合格者方可持证上岗;对操作人员还须经常进行体格检查,凡患有高血压、心脏病等不适宜高空作业者或酒后人员,不得上岗操作。

③操作人员必须戴安全帽、系安全带、穿防滑鞋。

④作业层上的施工荷载须符合设计要求,不得超载;荷载必须均匀堆放。不得将模板支架、缆风绳、卸料平台等固定或连接在升降架上;架子升降时架体上活荷载必须卸掉和与架体需要解除的约束必须提前拆开等。

⑤遇6级(含6级)以上大风和大雨、大雪、浓雾和雷雨等恶劣天气时,禁止进行升降和拆卸作业,架体悬臂部分与结构拉接要严格保证。夜间禁止进行升降作业。

⑥升降架在升降及使用阶段,严禁拆除下列部件:

a.防坠、防倾装置。

b.双管吊点上抗滑扣件及导座上的定位固定件。

c.主节点处的纵、横向水平杆。

⑦附墙导向座在使用中不得少于4个,升降过程中不得少于3个;直线布置的架体的支承跨度不应大于8.0 m,折线或曲线布置的架体支承跨度小应大于5.4 m;上、下两导座之间

的距离必须大于 2.6 m;端部架体的悬挑长度必须小于 3.0 m,悬挑端应以导轨主框架为中心成对称设置斜拉杆,其水平夹角应大于 45°。

⑧每次提升前须检查,每次提升后、使用前须经专业技术人员按《导座式升降架施工检查验收标准》验收,合格并办理交付使用手续后才许投入使用。

⑨架体底层的密封板必须铺设严密,且应用平网及密目安全网兜底;翻板必须将离墙空隙封严,防止物料坠落。

⑩升降架在安装、升降及拆除时应在地面设立围栏和警戒标志,并派专人把守,严禁一切人员入内。

参考文献

[1] 中华人民共和国国家标准.GB/T 50001—2010 房屋建筑制图统一标准[S].北京:中国计划出版社,2011.

[2] 中华人民共和国国家标准.GB/T 50009—2012 建筑结构荷载规范[S].北京:中国建筑工业出版社,2012.

[3] 中国建筑科学研究院.JGJ 130—2011 建筑施工扣件式钢管脚手架安全技术规范[S].北京:中国建筑工业出版社,2011.

[4] 哈尔滨工业大学.JGJ 128—2010 建筑施工门式钢管脚手架安全技术规范[S].北京:中国建筑工业出版社,2010.

[5] 河北建设集团有限公司.JGJ 166—2008 建筑施工碗扣式钢管脚手架安全技术规范[S].北京:中国建筑工业出版社,2008.

[6] 中国建筑业协会建筑安全分会.JGJ 202—2010 建筑施工工具式钢管脚手架安全技术规范[S].北京:中国建筑工业出版社,2010.

[7] 沈阳建筑大学.JGJ 164—2008 建筑施工木脚手架安全技术规范[S].北京:中国建筑工业出版社,2008.

[8] 上海第七建筑有限公司.JGJ/T 77—2010 施工企业安全生产评价标准[S].北京:中国建筑工业出版社,2010.

[9]《建筑施工手册》编写组.建筑施工手册[M].4 版.北京:中国建筑工业出版社,2003.

[10] 侯君伟.架子工长[M].北京:中国建筑工业出版社,2008.

[11] 建设部人事教育司.架子工[M].北京:中国建筑工业出版社,2006.

[12] 邵国荣.架子工[M].北京:机械工业出版社,2006.

[13] 崔炳东.架子工[M].重庆:重庆大学出版社,2007.

[14] 王晓斌,焦静,宋爱民.架子工安全技术[M].北京:化学工业出版社,2005.

［15］住房和城乡建设部工程质量安全监管司.普通脚手架架子工［M］.北京:中国建筑工业出版社,2010.

［16］赵蕴青.架子工［M］.北京:化学工业出版社,2009.

［17］汪永涛.架子工长上岗指南［M］.北京:中国建材工业出版社,2012.

［18］魏文彪.架子工［M］.北京:机械工业出版社,2011.

［19］郭爱云.建筑架子工［M］. 北京:中国电力出版社,2015.